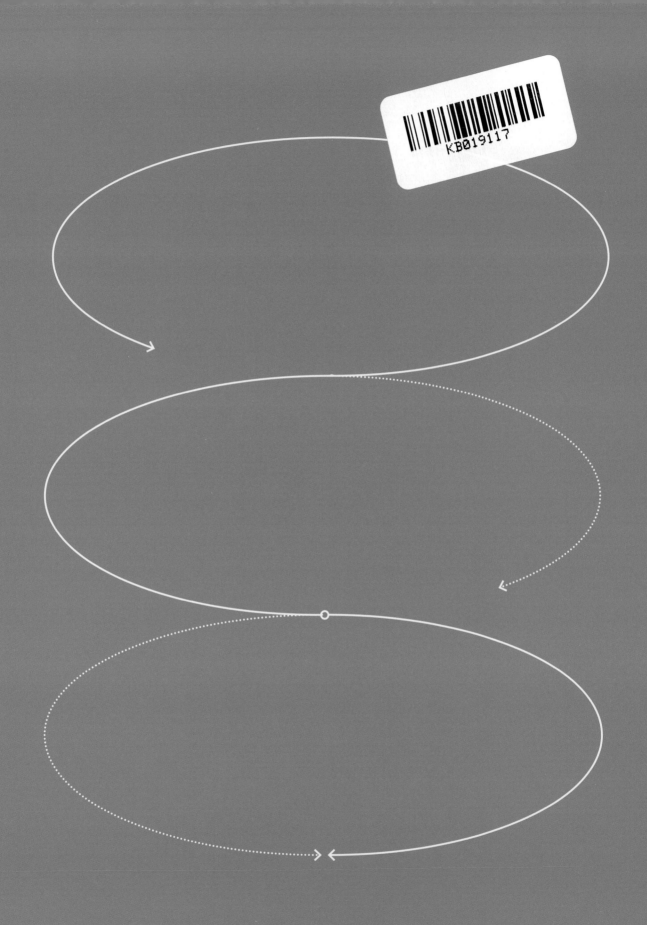

노후주택 리모델링

도심 속 ⇄ 오래된 집의 ⇄ 재발견

Old house Remodeling

전원속의 내집 편집부 지음

Contents

#3

Remodeling Houses
오프라인 집들이

Young Again!
오래된 집의
이유 있는 변신

집도 세월이 흐르면 사람처럼 늙는다. 외벽엔 주름 같은 흔적이 자글자글 남고,
여기저기 고장 나는 곳이 생겨난다. 집이 말을 할 줄 알았다면,
'나도 이제 몸이 예전 같지 않다'며 흔한 농담을 던지지 않았을까.

구도심 노후주택에 새 숨결을 불어넣는 작업은 만만치 않다. 많은 건축가가
백지에서 시작하는 신축이 훨씬 수월하다 하고, 시공자도 좁은 골목의
열악한 공사 환경과 악성 민원 등 리모델링의 어려움을 토로한다.
수십 년 된 건물을 보수하는 일은 구조 검토, 증축 여부 결정 등 더욱 세심한 준비가
필요하고, 본격적인 공사에 돌입하자마자 들이닥치는 각종 변수는 수일 밤
고심한 계획을 몇 번이고 뒤엎어 건축가, 시공자, 건축주를 허탈하게 만든다.
그런데도 '리모델링'을 감행하는 이들은 점점 늘어나고 있다.
아파트를 벗어나 마당 있는 집을 누리고픈 소망에서 출발해 신축보다 유리한
건축법 적용 조건, 한정된 예산 문제 등 저마다 이유는 여럿이겠지만,
이를 관통하는 하나의 가치가 있다. 포화상태에 이른 도심에 새로 집을 짓기보단
집과 동네가 간직한 시간을 이어가는 일.

집도 언젠가는 쓰임을 다하고 사람처럼 생을 마감한다. 우리나라 주택의 평균
수명은 27년. 영국 128년, 독일 123년, 프랑스 80년, 지진이 잦은 일본도 54년이다.
어떻게, 얼마나 애정과 노력을 쏟는지에 따라 집의 수명은 이토록 달라진다.
주인이 바뀌더라도 건물을 충분히 이해하고 관리할 수 있게, 집의 역사가 기록된
노트를 대대로 전한다는 유럽의 어느 집 이야기가 새삼 뭉클하다.
세계 각국과 비교해 우리나라의 주택 수명은 턱없이 짧지만, 아직 실망하긴 이르다.
그저 재테크의 수단으로만 여겨지던 집에 대한 생각이 조금씩 바뀌고 있고,
삶을 담고 가꾸어 나가는 공간으로서 거듭나고 있으니까.

이 책은 이러한 변화에 동참하고자 하는 이들을 위한 안내서다.
진짜 내 삶을 반영한 공간을 만들고자 하는 첫걸음에 작게나마 도움이 되길 바라며,
집을 고치기 전 알아야 할 기본적인 정보를 정리하고
선배들의 경험담과 실제 집의 모습을 생생하게 담았다.
이제 남은 것은 당신의 오랜 꿈이 현실이 되는 것뿐이다.

1

노후주택을
만나다

Our First Meeting

• 리모델링의 기본 A to Z

리모델링은 건축물의 노후화 억제 또는 기능 향상 등을 위해 대수선 또는
일부를 증축하는 행위를 말한다. 하지만 일반적으로 알고 있는 리모델링의
의미는 기존 골조를 최대한 살리고 나머지 부분들의 공사를 모두 진행하는
것이다. 결국, 리모델링과 신축의 결정적 차이는 '기초공사와 골조공사를
하는가, 하지 않는가'에서 온다.

건축법상 건축 행위의 종류

신축	건축물을 새로 축조하는 행위
증축	기존 건축물이 있는 대지에 건축면적, 연면적, 층수, 높이를 늘리는 행위
개축	기존 건축물의 전부 또는 일부를 철거하고 그 대지에 종전과 같은 규모의 범위를 축조하는 행위. 층수, 동수, 구조변경은 가능하고 높이 증가는 불가능하다.
재축	천재지변이나 그 밖의 재해로 멸실된 경우 다시 축조하는 행위
이전	건축물의 주요 구조부를 해체하지 않고 다른 위치로 옮기는 행위

관련법령 「건축법」 제2조

'대수선'은 무엇인가요?

건축물의 기둥, 보, 내력벽, 주 계단 등의 구조나 외부 형태를 수선·변경하거나 증설하는 행위를 말한다.
'내력벽을 증설 또는 해체하거나 그 벽 면적을 30㎡ 이상 수선 또는 변경하는 것', '기둥·보·지붕틀을 3개
이상 해체하여 수선 또는 변경하는 것', '방화벽 또는 방화구획을 위한 바닥 또는 벽, 주 계단, 피난계단,
특별피난계단을 해체하여 수선 또는 변경하는 것', '건축물의 외벽에 사용하는 마감 재료를 증설 또는
해체하거나 벽 면적 30㎡ 이상 수선 또는 변경하는 것' 등이 포함된다.

관련법령 「건축법」 제2조 제9호, 제10호 / 「건축법 시행령」 제2조 제2호, 제3조 제2항

리모델링도 '건축허가·신고'가 필요해요.

대수선과 증축 행위는 건축신고나 허가 대상에 포함된다. 그중 '바닥 면적의 합계가 85㎡ 이내의 개축',
'연면적 200㎡ 미만, 3층 미만의 건축물의 대수선', '연면적의 합계가 100㎡ 이하인 건축물' 등은 허가

대상 건축물이라 하더라도 신고를 하면 건축허가를 받은 것으로 본다. 여기서 신고는 건축주가 직접 할 수 있지만, 허가는 반드시 건축사가 진행해야 하는 사항. 건축허가를 받은 사람이 허가를 받은 날로부터, 건축신고를 한 사람이 신고일로부터 1년 이내에 공사에 착수하지 않는 경우 등 일정한 사유에 해당하면 건축허가가 취소될 수 있고, 신고의 효력은 없어지니 주의하자. 단순 수리 정도의 공사라면 특별히 허가·신고 절차를 거칠 필요는 없다.

관련법령 「건축법」 제14조 / 「건축법 시행령」 제11조 제3항

리모델링 설계도 꼭 '건축사'가 해야 하나요?

건축허가 또는 건축신고를 해야 하는 건축물, 사용 승인을 받은 후 20년 이상이 지난 건축물로 주택법에 따른 리모델링을 하는 경우는 건축사가 아니면 설계할 수 없다. 다만, 바닥 면적의 합계가 85㎡ 미만의 증축·개축·재축, 연면적이 200㎡ 미만이고 층수가 3층 미만인 비교적 경미한 건축물 공사인 경우 건축사가 아니어도 설계는 가능하다. 하지만 신고나 허가가 필요 없는 인테리어는 누구나 설계할 수 있다.

관련법령 「건축법」 제23조

건축허가를 받는 현장은 반드시 '공사 감리'를 해야 합니다.

공사 감리란 건축사가 설계도에 따라 공사가 진행되고 있는지 확인하는 것을 말한다. 건축법상 감리가 필요한 공사는 바닥 면적의 합계가 200㎡ 이상인 건축물의 공사, 3개 층 이상인 건축물의 공사 등이 있다. 한마디로 말하면, 허가받아야 하는 건축물은 공사 감리가 의무이며, 신고 대상 건축물은 감리를 꼭 받아야 하는 건 아니다.

관련법령 「건축법」 제25조

• 구도심 노후주택은 어떻게 찾을까?

어떤 집이 신축보다 리모델링 비용이 더 많이 들까? 당연히 골조가 빈약해
구조 보강이 필요한 집이다. 리모델링은 철거에 들어가야 건물의 구체적
상태를 알 수 있고 변수가 많은 작업이지만, 이러한 변수를 최소화하기
위해서는 노후주택 매입 전 내력벽, 기둥, 바닥, 보, 지붕틀, 계단 등 주요
구조부를 잘 살펴야 한다. 불법 건축물, 세금 등의 문제도 미리 확인하자.

CHECK 1 건축물대장

우선 건축물대장을 열람해 등재 여부를 반드시 확인해야 한다. 무단으로 증축한 불법 건축물이
있다면 철거하기 전까지 강제 이행금이 부과될 수도 있다. 특히 예전 건물은 지하실 면적이
축소된 채 신고된 경우가 많은데, 그런 경우 매입자가 세금을 내야 하므로 주의하자. 서류와
도면뿐만 아니라 전문가와 현장을 동행해 꼼꼼하게 확인하는 것이 가장 좋다.

CHECK 2 증축·대수선 가능 여부

국토교통부 토지이용규제정보서비스(http://luris.molit.go.kr)에서 토지이용계획,
지역/지구별 행위 제한, 규제안내서 등을 열람하거나 해당 시군구청, 전자민원
G4C(www.gov.kr)에서 토지이용계획확인원 등본을 발급받아 확인할 수 있다. 증축 허가
신청을 하기 전에 허가권자에게 해당 건축물 증축이 건축법이나 다른 법령에서 허용되는지에
대한 사전결정 신청도 가능하다.

CHECK 3 건물 구조

건물 구조는 크게 벽식 구조와 라멘 구조로 구분한다. 벽식 구조는 벽 자체가 기둥과 보의
기능을 하는 것으로, 벽체 자체가 하중을 받는 '내력벽'이기 때문에 함부로 허물면 안 된다.
라멘 구조는 기둥과 보로 이루어지며, 벽체는 단순히 칸막이 역할을 하는 '비(非)내력벽'이다.
따라서 벽식 구조보다는 라멘 구조의 건물을 선택하는 게 구조 변경이 쉽다. 하지만 안타깝게도
오래된 단독주택은 대부분 벽식 구조다. 또한, 외벽을 육안으로 확인했을 때 대부분 벽체에 폭
5~25mm의 관통형 수직균열, 수평균열이 있다면 구조 안전상 문제가 있다는 의미다.

CHECK 4 골조 재료

경량목재, 경량스틸, ALC 등보다는 철근콘트리트, 시멘트벽돌로 지은 주택의 내구연한이 비교적 긴 편이다. 노후주택은 벽돌이나 시멘트 블록을 쌓아 지은 조적조 주택이 많은데, 건축물대장에는 보통 '세멘벽돌조', '블록조' 또는 '연와조'라고 기재된다. 시멘트 블록조는 이미 벽체가 약해진 경우가 많고, 목조는 구조 목재가 해충 등의 영향으로 약해진 경우도 많다. 기존 구조 전체를 보강해야 하는 상황이라면 차라리 신축이나 개축을 하는 것이 현명하다.

CHECK 5 지붕 상태

평지붕은 우레탄 방수 처리로 누수를 거의 잡아낼 수 있다. 경사지붕의 경우 기존 지붕 재료에 따라 새로운 마감재를 선택하게 되는데, 이는 것은 곧 공사비 상승을 의미한다. 오래된 시골집은 석면으로 만든 슬레이트 지붕으로 된 경우가 많다. 이는 반드시 철거하고 새로운 지붕재를 시공해야 한다. 석면 철거는 고용노동부에 등록된 석면 해체·제거업자만이 가능하며, 시·군·구청에서 지원금을 받을 수 있으니 반드시 확인하자.

CHECK 6 수압과 정화조

종말처리장으로 이어지는 분류식 하수관이 설치된 구역 외에서는 오수를 정화조로 정화 처리한 후 하수도에 방류한다. 종말처리장으로 바로 가는 직관이 있다면 좋겠지만, 개인이 바꿀 수 있는 사항은 아니다. 수압은 수도꼭지를 틀어 확인해본다. 물탱크 방식보다는 직수가 좋으며, 어떤 방식이든 수압이 약하다면 가압펌프라도 사용해야 한다.

• 매입을 위한 노후주택 체크리스트

내용	CHECK	
인접도로의 폭이 공사차량 등이 접근하기에 충분한가	YES ☐	NO ☐
지하, 옥상, 발코니 등 무단으로 증축한 불법 건물이 있는가	YES ☐	NO ☐
주차 가능한 면적이 충분한가	YES ☐	NO ☐
주차 면적이 충분하지 않다면 주변에 공영 주차장이 있는가	YES ☐	NO ☐
건물의 구조 및 공법은 무엇인가	철근콘크리트 ☐ 조적조(연와조) ☐ 철골조 ☐ 목조 ☐ 기타 ☐	
도시가스가 인입되어 있는가	YES ☐	NO ☐
수도꼭지를 틀어보았을 때 수압은 충분한가	YES ☐	NO ☐
벽체에 관통형 수직균열, 눈에 띄는 수평균열이 있는가	YES ☐	NO ☐
지붕에 비가 새는 곳이 있는가	YES ☐	NO ☐
지붕 재료가 석면 슬레이트인가	YES ☐	NO ☐
노후주택의 매매 금액이 예산에 적절한가	YES ☐	NO ☐

• 리모델링 예산 계획하기

항목	상세 내용	금액	비고
노후주택 매입 비용			
계획 비용	경계명시 측량		
	토목 측량		
	지질조사		
	구조진단		
	설계		
	감리		
	합계		
시공 비용	철거		
	건축공사		
	토목공사		
	설비공사		
	전기공사		
	보강공사		
	인테리어 공사		
	합계		
기타 비용	공과금		
	취·등록세		
	부가가치세		
	각종 인입비용		
	기타		
	합계		
총 합계			

노후주택을
고치다

Step
by step

● 본격 리모델링 준비하기

공사에 들어가기 전 미리 알아두면 좋을 행정 절차와 서류, 건축법,
체크 포인트 등을 간단하게 살펴보자.

증축·대수선 허가를 받을 때 필요한 서류

노후주택의 증축이나 대수선 허가를 위해서는 다음 서류를 허가권자에게 제출
해야 한다(전자문서 제출 포함). 보통 이 업무는 리모델링 전문업체 혹은 건축사가 진행한다.

– 증축·대수선 용도변경 허가신청서

– 건축할 대지의 범위에 관한 서류

– 건축할 대지의 소유 또는 그 사용에 관한 권리를 증명하는 서류

– 설계도서

– 사전결정서(받은 경우 해당)

– 해당 법령에서 제출 의무가 있는 신청서 및 구비서류(해당 사항이 있는 경우로 한정)

관련법령 「건축법」 제2조 제1항 제9호, 제10호 / 「건축법 시행령」 제2조 제2호, 제3조 제2항

우리 집 증축 가능 면적 계산

단독주택의 경우 건축물이 속해 있는 지역의 건폐율, 용적률 상한을 지키는 범위 내에서 증축이
가능하다. 예를 들어 법정 건폐율 60%, 법정 용적률 200% 이하의 조건에, 대지면적 150㎡, 건축면적
80㎡, 연면적 200㎡의 주택이 있다고 가정하면, 건축면적 90㎡, 연면적 300㎡까지 수평 또는 수직
증축할 수 있다. 단, 일조권과 대지 안의 공지 확보, 주차대수 확보 등 현행법을 고려해야 한다.

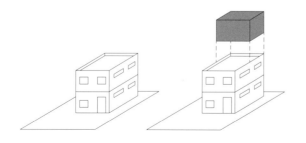

• 대지면적 150㎡   • 건축면적 80㎡
• 연면적   200㎡   • 건폐율   60%
• 용적률 200%

$$건폐율 = \frac{건축면적(80㎡+a)}{대지면적(150㎡)} \times 100 = 60\%$$

$$용적률 = \frac{연면적(200+b)}{대지면적(150㎡)} \times 100 = 200\%$$

* a, b = 증축 가능한 부분 / a=10㎡, b=100㎡

증축 시 주차대수 산정

시설물을 증축함에 따라 추가로 설치해야 하는 부설주차장의 주차대수는 증축으로 인하여 면적이
증가하는 부분에 대해서만 설치기준을 적용, 주차대수를 산정한다. 단독주택(다가구주택은 제외)의 경우
증축하는 면적이 50㎡ 초과 150㎡ 이하라면 1대, 150㎡를 초과하면 100㎡당 1대를 더한 대수만큼
주차공간을 확보해야 한다. 단, 설치기준에 근거해 최소 2.3×5m의 주차공간을 확보하고도 원하는
면적만큼 증축할 수 있는지 미리 따져보자.

관련법령 「주차장법 시행령」 별표1 비고5

견적서 점검

견적서에서 면적과 양, 인력은 꼭 점검해야 한다. 견적서에 포함되는 주요 내용은 다음과 같다. 아래 각
항목, 즉 면적이나 사이즈, 사양에 대한 설명을 충분히 한 후 견적서를 작성하는 것이 향후 업체와의 갈등
소지를 줄이는 방법이다.

Ⓐ 번호	Ⓑ 품목	Ⓒ 규격	Ⓓ 단위	Ⓔ 수량	Ⓕ 단가	Ⓖ 금액	Ⓗ 비고
1	철거 및 폐기물 공사						
2	강화마루 철거 폐기		식	1	150,000	150,000	
3	작은 방 벽체 철거		식	2	300,000	600,000	
4	거실 천장 철거		식	1	150,000	150,000	
5	신발장 벽체 철거		식	1	80,000	80,000	
6	싱크대 철거	상판	식	1	50,000	50,000	
7	공사 폐기물		차	2	200,000	400,000	
	소계					1,430,000	

Ⓐ순서 Ⓑ공사내용 Ⓒ자재 사이즈(되도록 상세히 기재) Ⓓ식(인건비), EA(자재의 개수), 자('자'당 금액, 1자
=30.30303cm / 원단이나 새시, 가구 등의 치수를 표기할 때 사용), 차(1톤 트럭 대수) Ⓔ Ⓓ에 기재된 인건비의 인원 수,
면적이라면 ㎡나 평, 자재의 개수 기재(가장 중요함), Ⓕ건당 가격(단위: 원) Ⓖ총 가격(단위: 원) Ⓗ추가 발생 유무나 공
사 특이사항(사이즈, 색상) 등을 별도로 표기

• 민원, 유연하게 대처하기

주변 민원 최소화하는 법

공사 중 이웃집과 분쟁이 생기는 일은 비일비재하다. 특히 노후주택은 주택이 밀집한 골목에 있는
경우가 많아 민원이 발생하기 쉽다. 앞으로 계속 부대끼며 살아야 할 이웃이기에 민원 관리는 절대
소홀히 해서는 안 된다. 공사 전 미리 이웃집을 방문해 안면을 익히고 통성명하며 공사에 대한 양해를
구하는 것이 기본이다. 이때, 생활의 지혜를 발휘해 과일이나 음료 등 간단한 선물을 준비하는 것도
도움이 된다. 의외로 관계의 가장 기본인 '소통'이 민원 최소화의 핵심이라는 사실을 잊지 말자.
철거 및 공사 시에는 먼지와 소음을 최소화하고, 작업 공간과 자재 적재 공간이 충분하지 않아 이웃에
불편을 끼쳐야 할 상황이라면 반드시 사전 협의를 통해 방법을 마련하도록 한다.

이웃 간 분쟁 해결하기

건축분쟁전문위원회 홈페이지(www.adm.go.kr)
분쟁조정 신청 화면

세심하게 신경 썼음에도 이웃과 분쟁이 생겼다면, 각 시군구와 특별시·광역시·도에 설치된
건축분쟁전문위원회를 통해 분쟁의 조정 또는 재정을 신청할 수 있다. 단, 건축법에 따라 소송이 진행
중인 사건에 대해서는 조정을 진행할 수 없다.
신청하려는 사람은 '신청인의 성명(법인인 경우에는 명칭) 및 주소', '당사자의 성명(법인인 경우에는
명칭) 및 주소', 대리인을 선임한 경우에는 '대리인의 성명 및 주소', '분쟁의 조정 등을 받으려는 사항',
'분쟁이 발생하게 된 사유와 당사자 간의 교섭경과', '신청연월일' 등을 기재하고, 서명·날인한 분쟁조정
등 신청서에 참고자료 또는 서류를 첨부해서 관할 건축분쟁전문위원회에 제출(전자문서에 의한 제출을
포함)해야 한다. 증거자료 또는 서류가 있으면 그 원본 또는 사본을 분쟁조정 등 신청서에 첨부해서
제출할 수 있고, 조정 신청은 해당 사건의 당사자 중 1명 이상이, 재정 신청은 해당 사건 당사자 간의
합의로 한다.

관련법령 「건축법 시행규칙」 제43조의2 제2항 / 「건축법」 제91조 제1항, 제92조

● 노후주택 철거하기

철거하면 큰일 나는 '내력벽' 구별법

사람의 몸에 뼈가 있어 몸을 받치고 서 있듯, 건축물도 지붕과 위층의 하중을 기초로 전달하는 구조물을 가지고 있다. 내력벽은 이 힘을 받는 역할을 벽 자체가 하는 것을 말한다. 비내력벽은 힘을 받지 않고 공간을 구분하는 역할만 하는 벽이다. 그래서 보통 내력벽은 철근콘크리트구조인 반면, 비내력벽은 벽돌 조적이나 합판, 석고보드 등으로 되어있는 경우가 많다. 비내력벽은 철거나 설치에 큰 제한이 없지만, 내력벽은 건축물의 하중을 직접 받기 때문에 법적으로 많은 제약이 있다. 예전에 지어진 연립주택이나 아파트의 경우 간단하고 빠르게 지을 수 있다는 장점 때문에 내력벽 구조를 활용한 벽식구조가 많은데, 이런 건물은 리모델링에 앞서 내력벽과 비내력벽의 구분이 필요하다.

벽에 못을 박아 잘 들어가지 않거나, 망치로 벽을 두드렸을 때 단단한 느낌이 드는 등의 방법으로 간단히 내력벽을 확인할 수 있지만, 불확실한 판단이 될 수 있으니 보조적으로 사용하는 게 좋다. 건축행정시스템 세움터(www.eais.go.kr)에서 건축물대장과 함께 도면을 받아 확인하고, 오래된 단독주택의 경우는 구조 전문가를 통해 진단 받는 것이 가장 확실하고 안전한 방법이다.

LPG 배관 철거

LPG를 사용하는 난방시설이나 조리기구를 다른 연료나 전기로 교체하는 경우, 기존의 LPG 배관을 포함한 공급시설은 필요 없어진다. 도시가스는 위험성 때문에 배관 등을 가스안전공사나 전문 면허를 가진 시공자가 봉인하고 철거해야 한다. 인터넷상에 종종 'LPG는 개인이 직접 철거를 해도 된다'는 글도 보이지만, LPG의 임의 철거는 위험한 건 물론 법적으로도 허가 없이는 불가능하다.

LPG는 가스공급업체에 요구해 철거하는 것이 가장 일반적이며 안전하다. 다만, 가스저장시설(가스통)이 제거되어 가스 배관만 남은 상황이라면 개인적으로 철거해도 문제없다. 보통 배관을 포함한 LPG 시설은 가스공급업체가 장기공급계약을 체결하면서 무료로 설치해주는데, 가스공급시설이 가스업체의 소유로 되어있을 때가 많아 임의로 철거하면 시설 소유권 문제 등이 생길 수 있으니 주의하자. 가스배관 철거는 철거 전문업체를 통해 진행하기도 하는데, 보통 15만~20만원선에서 이뤄지며 2층 이상인 경우 비용이 더 높아진다.

건축폐기물 수집·운반·처리

폐콘크리트, 폐벽돌, 폐기와, 폐목재, 폐금속류 등의 건축폐기물은 일반적으로 건축폐기물 수집·운반업자, 중간·최종·종합처리업자에게 위탁하여 처리한다. 이때 폐기물 수집·운반과 처리는 정식으로 허가를 받은 회사만 할 수 있으며, 해당 지역의 시·군·구청에 문의하면 허가 등록된 건축폐기물 처리업체를 안내받을 수 있다.

착공부터 완료 시까지 건축폐기물이 5톤 이상 발생하는 경우에는 폐기물 배출자가 폐기물 종류, 발생량,

처리 계획 등의 내용을 담은 신고서를 작성하여 해당 지역 지자체에 신고해야 한다. 업체에 위탁하여
처리할 계획이라면 어느 업체와 계약했는지 증명하는 위·수탁처리 계약서 사본, 수탁처리능력확인서
사본 등도 준비하여 첨부한다. 배출 신고는 인터넷 올바로시스템(www.allbaro.or.kr)에서도 가능하다.
간단한 집수리 등으로 나온 5톤 미만의 건축폐기물은 처리 방법이 지역마다 조금씩 다를 수 있으니
지자체에 문의한다. 배출자 신고 의무는 없으며, 일반적으로 건축폐기물용 봉투(PP 마대)에 담아 일반
종량제 봉투 배출장소에 버리거나 건축폐기물 처리 업체에 사전 연락하여 처리할 수 있다.

만만치 않은 건축폐기물 처리 비용

생활 쓰레기를 구매한 종량제 봉투에 넣어 버리듯이 건축폐기물을 배출할 때도 일정 금액을 내야 한다.
폐기물 수집·운반 비용과 폐기물 처리 비용이 따로 매겨지는데, 보통 1톤당 가격으로 산정된다. 가격은
지역이나 업체, 폐기물 종류와 부피에 따라 변동이 많으므로 해당 지역 업체 몇 군데에 견적을 받아보는
것이 좋다. 일반적으로는 건축폐기물 1톤당 처리 비용 10만~20만원에 수집·운반 비용이 더해지는데,
현장 상황에 따라 폐기물량이 예상보다 훨씬 더 많이 나올 수 있음을 고려하면 적지 않은 금액이다. 개인
트럭이 있어서 직접 운반한다고 해도 처리 비용이 만만치 않다. 따라서 처음 예산을 짤 때 철거 비용에
건축폐기물 처리 비용도 함께 염두에 두는 것이 좋다.
건축폐기물은 분리 배출이 원칙이다. 폐목재, 폐콘크리트 등이 섞여 있는 혼합폐기물은 종류별로
분리하는 과정을 한 번 더 거쳐야 하기 때문에 처리 비용이 훨씬 비싸다. 대신 폐기물을 미리 분리해
배출하면 좀 더 저렴한 가격에 처리할 수 있다. 실제로 업체에서는 혼합폐기물과 분리된 폐기물 가격을
따로 제시한다.
또, 폐기물처리장이 멀수록 운반비가 늘어나므로 현장 근처에 있는 업체를 이용하는 것이 경제적으로
유리하다. 알루미늄, 스테인리스 등의 폐금속류는 재활용이 가능해 업체에서 오히려 돈을 주고
매입하기도 하니 알아두자.

까다로운 '석면' 철거·폐기물 처리

지금은 석면이 1급 발암물질로 분류되어 취급을 엄격하게 제한하지만, 20년 이상 된 노후건축물에는
석면이 포함된 슬레이트 지붕, 천장재(텍스), 바닥재 등이 여전히 남아 있다. 특히 오래된 시골집은
슬레이트 지붕으로 된 경우가 많은데, 이를 철거하여 나오는 석면 폐기물은 '지정폐기물'로 특별 관리된다.
2009년 8월부터 일반건축물은 연면적 50㎡ 이상, 주택 및 그 부속건축물은 연면적 200㎡ 이상의
건물이나 설비를 철거·해체할 경우, 작업 전 고용노동부의 지정을 받은 석면 전문 조사기관을 통해 석면
함유 여부 및 함유량 등을 조사하도록 하고 있다. 이는 조립식, 조적조, 철근콘크리트 등 건축 공법과
관계없이 무조건 거쳐야 하는 절차다. 건물 면적이 기준에 못 미치더라도 건축주가 불안하다면 직접
일반 석면 조사를 할 수 있다. 석면 조사 결과, 석면 함유량이 1%를 초과하면 고용노동부에 등록된
석면해체·제거업자를 통해 철거해야 한다. 제거된 석면폐기물은 다른 폐기물들과 혼합 보관되거나
처리되지 않도록 해야 하며, 포장·밀봉하여 폐석면 처리업체에 위탁 처리한다.
연면적 100㎡ 슬레이트 지붕 시골집의 석면 조사·철거·처리 비용은 약 280만~300만원으로 일반

건축폐기물보다 훨씬 비싸다. 이에 정부에서는 슬레이트 지붕 교체 비용을 지원하는 사업을 진행하고 있다. 지역별로 지원 금액이나 신청절차, 시기 등에 조금씩 차이가 있고 매년 예산이 한정되어 있으니 미리미리 확인해 신청하기를 권한다.

● 구조 검토와 보강은 어떻게

리모델링도 내진 설계 필수?

건축물을 건축하거나 대수선하는 경우 법적 기준에 해당하는 건축물이라면 구조 안전을 확인하고 착공신고 시 허가권자에게 그 확인 서류를 제출해야 한다. 층수가 2층(목구조 건축물은 3층) 이상인 건축물, 연면적 200㎡(목구조 건축물은 500㎡) 이상인 건축물, 높이가 13m 이상인 건축물, 처마 높이가 9m 이상인 건축물 등은 내진설계 대상 건축물로 지정하고 있다. 따라서 노후주택을 대수선했을 때 연면적 200㎡(약 60평) 이상이 되거나 수직 증축으로 2층 이상이 된다면 구조 안전 진단을 받고 적정한 구조 보강 방법을 강구하는 것이 의무다.

관련법령 「건축법 시행령」 제32조

소규모건축물 구조안전 및 내진설계 확인서(콘크리트 벽식 구조, 조적식 구조)

구조 안전 확인하고 보강하기

리모델링 설계는 일반적으로 '현황설계 – 기획 및 디자인 – 안전진단 – 구조설계 – 종합설계 –
인허가' 순으로 진행된다. 여기서 안전진단과 설계는 구조기술사에게 의뢰할 수 있으며, 착공신고하는
주택 중 법적으로 구조안전의 확인 서류(구조안전 및 내진설계 확인서)를 제출해야 하는 경우 필수로
거쳐야 할 과정이다. 이 두 과정에 드는 비용은 상황과 업체에 따라 천차만별이므로 여러 군데 견적을
받아보는 게 좋으며, 수직 증축을 하는 경우 비용은 더 높아진다. 철근콘크리트나 철골철근콘크리트
구조는 자체적으로 내진 구조물이기 때문에 내진 보강 방법이 어렵지 않지만, 노후주택의 경우 대개
연와조이거나 벽식 구조이므로 전문가와 구조 보강에 대해 상의가 필요하다.

최근 건축법 개정으로 내진 대상이 확대되면서 건축주 부담을 덜어주기 위해 정부는 2017년
2월 정형화된 소형(2층 미만 & 500㎡ 미만) 건물에 적용 가능한 간소화 기준을 마련했다.
'소규모건축구조기준'으로 기둥과 보의 크기, 철근 배근방법 등을 제시하여 복잡한 계산 없이도
내진성능을 갖출 수 있으며, 주로 많이 건축되는 철근콘크리트, 철골, 조적조, 목조 등에 대한 기준이
제시되니 참고하자. 또한, 내진보강을 하면 지방건축위원회 심의로 건폐율, 용적률(10% 이내), 높이 등을
완화해주는 인센티브도 부여하고 있어 관련부서에 미리 확인해보길 권한다.

관련법령 「건축법 시행령」 제6조 제1항 제6호

• 가장 중요한 '단열'

흔히 단독주택에 살면 겨울에 춥고 난방비가 많이 나온다고들 한다. 실제로 지은 지 20년 이상
된 주택은 단열 공사가 제대로 이루어지지 않았거나 아주 얇은 단열재를 시공해 추울 수밖에
없다. 특히 층과 층의 사이 바닥 슬래브, 창틀과 외벽 사이 등에서 발생하는 열교는 난방 효과를
감소시키고, 결로와 곰팡이 발생의 원인이 된다. 쾌적한 주거 공간을 위해 단열은 가장 핵심인
요소인 셈이다.

3가지 단열 방법

단열재는 보통 건물의 외피(외벽, 지붕, 바닥 슬래브 등)에 시공하는데, 그 위치에 따라 '외단열', '중단열',
'내단열'로 구분한다. 주택의 경우 단열재를 건물 바깥쪽에 설치하는 외단열 공법이 가장 효과적.
건물 외피를 기밀하게 단열할 수 있어 열교를 잡기 좋고 난방 후 구조체가 열을 저장해 난방 효과를 더
오랫동안 지속해준다. 반면, 외부마감재 사용이 제한적이고 리모델링의 경우 기존의 벽체와 바닥, 설비
배관 등을 고려해야 하므로 기밀한 시공이 쉽지 않은 단점도 존재한다.
건물의 안쪽에 단열재를 설치하는 '내단열'은 실내 온도가 빨리 데워지는 장점은 있으나 열교와 결로
현상이 발생하기 쉽고, 단열재의 부피만큼 생활공간의 면적이 줄어든다는 단점도 있다. 조적조 주택에
많이 시공되어온 '중단열'은 단열재를 벽체와 벽체(벽돌과 벽돌) 사이에 설치한다. 단열재 위에 마감을
따로 할 필요가 없어서 좋지만, 기존 노후주택의 경우 시공된 단열재 두께와 설치 부위를 확인하기
어렵다. 대부분은 리모델링 주택은 내단열, 외단열 공법 중 하나를 택해 새로 공사하는 편이다.

단열 공사 체크포인트

- 단열재 사이 틈 확인
- 창호과 벽체 틈 침기 확인
- 현관문에서 들어오는 외기 확인
- 벽체와 천장 틈새 확인
- 설비 배관 사이사이 외기 확인

• 단열재 종류

1 > 압출법보온판(XPS)

흔히 '아이소핑크'라고 부르며 시간, 물(습기), 추위, 열과 압력 등 자연 요소들에 대한 저항성과 내구성이 높다. 물과 습기에 강해 지중이나 물이 닿을 수 있는 곳에서 사용할 수 있는 거의 유일한 단열재. 열전도율이 낮아 단열성능이 뛰어나며, 다양한 압축강도로 생산 가능하므로 주택의 바닥, 지하 외벽에도 사용할 수 있다. 지하층의 외단열로 사용할 경우 통상적으로 바닥은 1호 이상, 측벽은 2호 이상의 규격을 사용하며, 구조기술사의 확인을 받는 것이 좋다. 압출법보온판은 표면이 매끄러워 재료가 잘 붙지 못하므로 외단열 미장 마감 재료와의 조합은 추천하지 않는다. 화재에 취약하기 때문에 주택 내부 시공은 피해야 하며, 표면 온도 70℃ 이하에서 사용해야 2차 발포 현상이 나타나지 않는다.

2 > 비드법보온판(EPS)

보통 '스티로폼'이라고 부르는 단열재로, '비드'라고 하는 작은 알갱이를 수증기로 발포시켜 만든다. 발포 크기와 밀도에 따라 1호에서 4호로 등급을 나누며, 알갱이가 작게 발포할수록 밀도가 높고 열전도율이 향상된다. 통상 30kg/㎥이 가장 단단하고 열전도 특성이 뛰어나다고 알려져 있다. 현장에서 상황에 맞게 잘라 쓰기 쉽고, 시공방법에 따른 단열성능의 차이가 크지 않다는 장점 때문에 많이 쓰인다.

단, 수분 흡수율이 높아 습기에 취약하고 물에 젖었을 때 단열성능이 떨어지므로 지면과 닿는 부위에는 절대 시공하면 안 된다. 벽체 외단열 시공 시에는 단열재로의 흡습을 막기 위하여 구체를 충분히 말린 후 작업해야 하며, 단열재 외부의 마감 도료는 투습이 원활한 제품을 사용해야 한다. 콘크리트 벽체는 투습성이 좋지 않은 PVC 벽지(실크 벽지) 대신 투습성이 좋은 합지 벽지나 도료 등을 추천한다. 또한, 화재에 취약하고 유독가스를 발생시키기 때문에 실내 시공은 위험하다. 충분히 숙성 과정을 거쳐야 휨 현상이 발생하지 않으므로 7주 이상 숙성된 제품을 선택한다.

3 > 수성연질우레탄폼

흔히 '수성연질폼'이라 부르며 폴리우레탄의
일종이다. 뿌리는 형식이라 구석구석 밀실하게
채울 수 있어 자연스럽게 건축물의 기밀성능을
높여준다. 특히 벽과 천장, 창틀 주변에 시공하면
기밀층을 형성해 결로를 방지해주므로 리모델링
현장에서 기존 건물의 단열을 보완하기 좋다.
시공이 용이하고 사용 범위가 넓다는 장점도 있다.
연질(딱딱해지지 않는 성질)이라 어느 정도 탄성은
있으나, 눌린 후에 형태가 복원되지는 않으므로
석고보드 작업 시 실수로 누르지 않도록 특히
주의한다. 또한, 시공 시 다량의 이산화탄소 가스가
발생하게 되므로 환기가 충분히 이루어지는 곳에서
작업해야 하며 안전 복장을 철저히 갖추어야 한다.
시공 후 24시간 환기가 필수인데, 이것만 지켜주면
거주자에게는 영향이 없으니 안심해도 된다.

4 > 유리섬유(그라스울)

미세한 공기층을 촘촘히 확보해 열의 이동 경로를
차단하는 단열재. 공기층 덕분에 소음 흡수 능력도
뛰어나 차음이 필요한 곳에도 적절하다. 압축과
복원력이 좋아 롤 형태로 말아 운반·보관·관리하고,
현장에서 칼이나 가위로 쉽게 자를 수 있어
시공성이 좋다. 무기질인 유리로 만들어졌기
때문에 불에 타지 않고 유독가스가 발생하지
않는다. 다만 습기에 취약하고, 물에 젖으면
단열성능이 현저히 떨어지므로 투습방수지 같은
보호 자재가 필요하다.

5 > 열반사단열재

전도, 대류, 복사는 건축물의 열을 전달하는 세
가지 경로다. 열반사단열재는 이 중 열 전달량이
가장 많은 복사열을 제어해 건물의 단열 성능을
높이는 역할을 한다. 표면에 알루미늄 재질의
금속판이 덮여 있어 외부 열을 반사시키는 원리로,
건물 외벽의 바깥에 시공한다. 이때, 외부 마감재와
열반사단열재 사이에 공기층을 만들어주어야
복사열을 반사할 공간이 생긴다. 그렇지 않으면
외부의 열이 실내로 그대로 전도되어 의미가
없다. 여름에는 차열 성능을 확보하기 어려우므로
부피형 단열재와 함께 사용하거나 기준 이상의
다층반사형 단열재를 사용하기를 권한다.

● 따뜻하고 쾌적한 집을 위한 창호

한겨울 추위를 막기 위해 뽁뽁이에 의지하는 것도 하루 이틀. 창호는 단열재만큼이나 주택의
에너지 효율을 좌우하므로, 열관류율이 좋고 일사량이 적절하며 단열 값이 뛰어난 창호를
선택해야 한다. 더불어 개구부와의 시공이 기밀한가도 중요하다.

창호 에너지효율 확인하는 법

'창호에너지효율등급제'를 통해 창문에도 가전제품처럼 에너지효율등급 라벨이 붙는다. 열관류율과
유리의 성능, 기밀성을 확인할 수 있는 정보가 표기되어 건축주가 직접 보고 판단할 수 있다. 1등급부터
5등급까지 5개의 등급으로 구분하며, 숫자가 낮아질수록 단열성이 좋은 창호다. 에너지관리공단
효율관리제도 홈페이지(http://eep.energy.or.kr)에서도 제품명을 검색해 해당 창호의 등급을 확인할
수 있다.

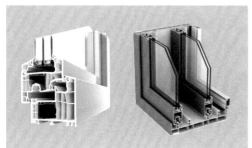

시스템창호와 이중창

좌) 연기발생기로 기밀 시공 정도를 확인하는 방법
우) 지폐를 이용해 창호 기밀도를 확인하는 방법

시스템창호와 이중창의 결정적 차이

주택에 흔히 사용되어온 이중창은 각각의 창문 2개가 2중으로 구성된 제품. 시스템창호는 하나의
창문으로, 이중창과는 기밀성, 단열성 등 성능에 차이가 있다. 창틀과 유리 사이의 틈을 없애 일체화한
프로파일을 가지고 있으며, 개폐 방식도 일반적인 미닫이와 여닫이뿐 아니라 틸트앤턴(Tilt&Turn),
슬라이딩앤틸트(Sliding&Tilt), 패러럴(Parallel) 등으로 다양하다.

창호 기밀시공 자가 진단법

웃풍이라고 말하는 냉기가 창문에서 느껴진다면 창호 개구부와 창호 사이의 기밀시공이 제대로
이루어지지 않았다는 증거. 창호의 프로파일이 완전히 체결되었는지 확인하고, 냉기가 들어오는 것으로
추정되는 위치에 담배나 향 등을 이용해 연기를 발생시켜 보자. 기밀하다면 연기가 제자리에 움직이지
않고 있어야 한다. 만약 연기가 한쪽 방향으로 흐른다면 기밀성이 떨어진다는 뜻. 창문과 창틀 사이에
지폐나 질긴 한지를 끼운 뒤 당겨보는 방법으로도 테스트해볼 수 있다. 잡아 당겨도 빠지지 않는 정도여야
제대로 시공된 것이다.

● 외벽 마감재, 지붕재 고르기

리모델링의 묘미 중 하나는 기존 마감재의 멋을 살리는 것. 하지만 보수를 위해 똑같은 외장재를 수소문해도 더는 생산되지 않는 경우가 대다수다. 혹은 건물이 너무 노후화돼서 외장까지 완전히 새로 시공해야 하는 집도 많다. 요즘 자주 쓰는 외벽 마감재, 지붕재를 한자리에 모았다.

1 > 전벽돌

흙을 구워 벽돌 모양으로 성형한 자재. 사계절 기후 변화가 심한 우리나라의 특성에 적합하고, 시간이 지나도 외관이 자연스럽게 변하기 때문에 유행을 타지 않는 자재를 선호하는 건축주들에게 인기가 높다. 영롱 쌓기를 하면 자연스럽게 십자형 개구부가 형성되는데, 채광과 환기 확보는 물론 프라이버시 보호를 위한 차폐의 기능도 한다.

2 > 고벽돌

오랜 세월 속에서 만들어진 고벽돌의 색감은 다른 외벽재에서는 찾아볼 수 없는 독특함이 있다. 일반적으로 적고벽돌과 청고벽돌로 구분되며, 크기는 일반 벽돌보다 약간 큰 편이다. 샘플만 보면 지저분한 느낌도 드는데, 막상 시공해 놓으면 줄눈에 따라 정갈하게도, 고풍스럽게도 보인다. 제품별로 가격이 저렴한 것도 있지만, 전체적으로 시공이 까다로워 자재 손실량이 크고 인건비가 많이 든다.

3 > 황토토담벽돌

벽돌은 흙을 구워서 강도를 낸 전통적인 건축 자재다. 흙의 조성 성분에 따라 붉은색, 갈색, 흰색, 갈색, 검은색 등으로 다양하게 생산되는데, 그중 붉은 벽돌은 함수율이 낮고 강도가 강하며 가장 저렴하다. 우리나라처럼 변화무상한 기후와 대기 오염을 고려하면 더없이 좋은 외장 재료다. 다만 붉은 벽돌은 색상이 진하기 때문에 표면의 백화현상(벽돌 사이 시멘트 모르타르의 석회가 벽 표면에 스며 나오는 현상)에 주의해야 한다. 이를 예방하기 위해서는 벽돌과 구조체 간 이격거리, 시멘트 모르타르의 강도 조절, 통풍구의 사용에 신경 쓴다.

4 > 외단열시스템 미장 마감재

가성비 좋은 외단열 마감재. 시공 줄눈이나 단위 모듈이 없는 재료라 건물 전체의 형태를 강조할 수 있고, 선택할 수 있는 색상도 다양한 것이 장점. 단, 다른 재료에 비해 오염에 민감하므로 오염 방지를 위한 디테일(벽면 하단부에 쇄석, 창호 후레싱, 오염

방지용 후드캡, 파라펫 마감 등)을 반영해야 한다.

5 > 북미산 적삼목

적삼목은 별도의 약품처리 없이 습기·부식·해충에
강한 특성을 지니며, 치수 안정성이 높아 인테리어
및 외부 마감 재료로 오랫동안 사용되어 왔다.
오일스테인을 주기적으로 칠해주어야 하며,
목재의 두께가 두꺼울수록 변형으로부터 안전하다.
정서적으로 따뜻한 느낌과 자연스러운 외관을
형성할 수 있고, 벽돌 및 석재 등 다양한 재료와
두루 어울린다.

6 > 벽돌 타일

벽돌을 타일 형태로 잘라 외부에 붙이는
방식으로 벽돌과 매우 유사하다. 비용보다는
건물의 구조·높이·벽체의 두께 및 시공 방법
등을 비교하여 적합한 환경에 사용하는 것이

바람직하다. 건물 저층부에 시공하면 사람들의
손길이 쉬이 닿는 벽면을 오염으로부터 보호하고
건물 전체에 안정감을 줄 수 있다. 진회색 혹은
밝은 회색 등의 컬러 톤은 목재 계열, 콘크리트 등
일반적 재료들과 잘 어울린다.

7 > 컬러강판

흔히 '리얼징크'라고 불리는 외장재. 외벽은 물론
지붕에도 적용 가능한 마감재로 모던한 디자인을
구현할 수 있어 최근 가장 많이 쓰이는 자재 중
하나다. 다양한 컬러 구현이 가능하고 가격도
높지 않지만, 시공 후 햇볕을 많이 받으면 표면이
울퉁불퉁 변할 수 있으니 유의하자. 이는 적당한
이음새 간격 시공, 전용 클립 사용 등으로 보완할
수 있다.

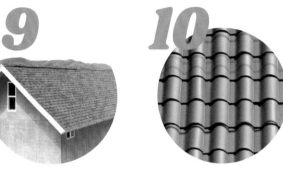

8 > 콘크리트 패널

UHPC 패널(초고강도 콘크리트 패널)은 고성능 콘크리트 기술이 적용된 제품. 노출콘크리트를 쓰고 싶지만 단열과 결로 문제가 고민이라면 권할 만하다. 수분 침투 및 표면 오염 방지를 위해 강도 높은 저광 세라믹 표면이 사용되었다. 현장에서 제작되는 노출콘크리트의 품질은 시공자 또는 현장 인부에 따라 품질이 달라져 고르지 못한데, 공장 제작 제품이라 비교적 균질한 퀄리티를 보장할 수 있다.

9 > 아스팔트싱글

못만 있으면 공사가 가능할 정도로 시공이 까다롭지 않다. 단순히 저렴한 자재로만 알고 있는 이들도 많지만, 다양한 색상과 실용성, 경제성 면에서 단연 손에 꼽히는 가성비 좋은 자재로 어떻게 조합하느냐에 따라 다채로운 디자인을 구현할 수 있다. 브랜드마다 내구성에 차이가 있으므로 사용된 그래뉼(아스팔트 알갱이)의 품질이 좋은지, 제품의 품질보증기간은 얼마나 되는지 꼭 확인하자.

10 > 기와

소재에 따라 점토기와와 세라믹기와로 나뉜다. 가장 흔하게 쓰이는 점토기와는 스페니쉬 기와로도 불리며, 전통적인 시공 방법을 유지하면서 심플하고 모던한 표현이 가능하다. 형태에 따라서는 일반적으로 흔히 보는 U형 기와와 평판기와로 나눌 수 있다. 평판기와는 적당한 두께감과 시공 후 보이는 안정적인 평활도 및 가로선의 리듬감은 묵직한 지붕 표현에 적당하다.

• 사소해 보이지만, 참을 수 없는 리모델링 궁금증 Q&A

Q 시공업체에 맡기지 않고 건축주가 직접 공사를 진행할 수는 없나요

2018년 6월 27일부터 연면적 200㎡ 이상 건축물과 연면적 200㎡ 이하이더라도 다가구·다중주택은
건설산업기본법에 등록된 일반 건설업자(건설업 면허 소지자)가 하도록 직영시공에 대한 기준이
강화되었다. 따라서 기준에 해당하지 않는 연면적 200㎡ 이하, 단독가구 주거용도의 단독주택이라면
건축주 직영 시공도 가능하다. 법을 위반한 건축주와 무자격 건설업자는 5년 이하 징역 또는 5,000만원
이하의 형사처벌을 받게 되므로, 직영 공사를 계획 중이라면 대수선하려는 주택의 연면적과 용도를 꼼꼼히
확인하자.

관련법령 「건설산업기본법」 제41조

Q 리모델링을 지원해주는 정부 사업도 있을까요

지자체 지원 사업 중에서는 '서울시 집수리닷컴(https://jibsuri.seoul.go.kr)'이 대표적이다. 홈페이지를
통해 원하는 서비스를 신청하면 공사비 융자 지원, 전문가 상담, 공구 대여, 집수리 노하우 등 다양한 지원
혜택 및 정보를 얻을 수 있다. 이밖에 오래된 단독·다가구주택을 리모델링하는 데 최대 1,000만원까지
지원해주는 '서울가꿈주택' 사업, 6개월 이상 방치된 빈집이라면 리모델링 비용의 최대 50%,
2,000만원까지 무상지원 받을 수 있는 '빈집 살리기 프로젝트', 150㎡의 농촌지역 단독주택을 대상으로
하는 '농촌주택개량자금', 주택가 주차장 조성을 지원하는 '그린파킹사업' 등도 유용하다. 또한, 기존 주택을
새로 짓거나 고쳐 임대주택을 공급하는 '집주인 임대주택 사업'도 눈여겨볼 만하다.

Q 단독주택 리모델링 후 1층에 음식점 영업을 하려고 할 때, 용도변경 허가를 받아야 하나요

1층에 상업시설을 두고 위층은 주거 용도로 구성하여 임대소득을 올리고, 추후 되팔 때 시세차익을
얻고자 하는 예비건축주가 많아지고 있다. 저층부에 건축주가 직접 운영하는 상업시설, 사무실. 작업실
등을 두는 사례도 자주 보게 된다. 이 경우 기존 구옥이 주거 용도로만 쓰였기 때문에, 용도변경 신청을
해야 한다. 건축물의 용도를 하위 시설군에서 상위 시설군에 해당하는 용도로 변경하려는 경우에는
특별자치도지사, 시장·군수·구청장의 허가가 필요하다. 단독주택의 용도는 용도변경을 하기 위한 시설군
중 주거업무시설군(제8호 시설군)에 해당하며, 일반음식점은 근린생활시설군(제7호 시설군)에 해당한다.
근린생활시설군이 상위 시설군이므로 단독주택에서 음식점으로 용도변경을 하려면 허가를 받아야 한다.

관련법령 「건축법」 제19조제2항제1호 / 「건축법 시행령」 제14조제5항

Q 노후주택 매입 후 하자가 발견되면 보수의 책임은 누구에게 있나요

부동산 매매 계약 이후 건물의 하자가 발견되었을 경우 6개월 동안은 전주인(매도인)의 책임이다. 이는
민법에 명시된 부분으로, 매도인의 악의에 의하거나 매수인의 과실 없이 거주 중 발견한 하자 등에 대해서도
6개월 내 하자 보수를 해주도록 규정하고 있다.

Q 방수제와 발수제? 어디에 써야 할지 헷갈리는데…

방수제는 평지붕 옥상 바닥의 초록색 우레탄 방수막을 떠올리면 쉽다. 방수제는 도막을 생성해 물과 자재의 접촉을 막고, 물이 고여도 상대적으로 오랜 시간 물의 침투를 막을 수 있다. 수분 차단이 목적이기 때문에 방수코팅 표면 자체는 물에 젖기도 한다. 시공은 일반적으로 하도, 중도, 상도로 2~3차례 시공하게 되며, 코팅제와 경화제 등으로 나뉘어 판매 및 사용한다.

발수제는 주로 벽면에 도포해 물을 튕겨내는 효과를 내는 것으로, 노출콘크리트, 조적 벽돌, 석재 등으로 마감된 벽면 등 자재의 질감을 살리면서 수분의 침투를 막아야 하는 곳에 주로 사용된다. 그래서 방수제는 대부분 컬러가 있는 반면 발수제는 투명하다. 수분을 튕겨내 차단하기에 발수제가 도포된 표면은 연잎 위 물방울처럼 젖지 않고 물을 아래로 흘려보낸다. 하지만 오랜 시간 수분에 접촉해야 하는 상황에는 적합하지 않아 지면 밑이나 바닥 등에 방수제 대신 발수제를 사용할 수는 없다. 보통 경화제, 코팅제나, 하도, 중도 등의 구분 없이 단일 제품으로 구성되며, 한두 차례 스프레이나 롤러로 도포해 마무리한다.

Q 입주 날짜에 차이가 있는데, 그동안 이삿짐은 어떡하나요

그럴 땐 보관이사를 이용할 수 있다. 일정 기간 동안 이사 전문 업체에 비용을 내고 이삿짐을 보관한 후 원하는 일정에 반출하는 방식의 서비스다. 이때 방법은 크게 '창고 보관'과 '컨테이너 보관' 두 가지로 나뉜다. 창고 보관은 1개월 미만 보관 시 적합하며, 상·하차를 여러 번 해야 하는 불편함과 창고의 청결 상태에 따른 보관 물품의 변형·변질 위험이 있으므로 더욱 꼼꼼한 확인이 필요하다. 짐을 1년 이상 보관해야 한다면, 하차 시 파손 위험이 거의 없고 밀폐된 상태로 보관해 분실 위험도 적은 컨테이너 보관이 좋다. 보관이사를 계약할 때는 보관 물품의 종류, 수량, 상태 등을 먼저 확인하고 각 물품에 대한 보관방법과 보관이 불가능한 물품 등을 숙지한 후, 보험부터 상품 파손에 대한 보상까지 철저하게 체크해야 한다. 보관이사 금액은 보통 '공간과 일수에 따른 보관료 + 운송료 + 작업비용(인건비)'로 산정한다.

Q 리모델링 후 건물 매매 시 양도소득세를 절세하는 방법은

리모델링은 건물의 가치를 상승시키고자 한 노력으로 판단해 공사 경비로 인정받아 양도소득세를 줄일 수 있다. 단, 리모델링 비용 전액을 경비로 인정해주는 것이 아니라 베란다 새시, 거실 및 방 확장공사비, 난방시설 교체비 등 내부시설의 개량을 위한 공사비만 '자본적 지출'로 보아 혜택을 준다. 일상적인 수리비용인 벽지나 장판 교체, 주방 가구 교체, 외벽 도색, 옥상 방수공사, 타일 공사 등은 주택 기능 유지를 위한 교체 비용인 '수익적 지출'로 보아 해당하지 않는다. 절세 혜택을 받기 위해서는 적격증빙(세금계산서, 계산서, 현금영수증, 신용카드, 직불카드)이 있어야 하니 미리 챙겨두자.

• 노후주택 리모델링 체크리스트

STEP 1 현장 상황 파악

내용	CHECK	
도로 경계선이 명확한가	YES ☐	NO ☐
도로가 경사진 경우, 법규상의 지하층이 지상으로 과도하게 돌출되지 않았는가	YES ☐	NO ☐
대지 주변에 옹벽이 있는가	YES ☐	NO ☐
옹벽은 붕괴의 위험이 없으며 구조적으로 양호한가	YES ☐	NO ☐
옹벽에 우수관이 충분히 설치되어 있고 배수가 원활한가	YES ☐	NO ☐
담장은 경계선상에 정확히 위치하는가(민원의 소지는 없는가)	YES ☐	NO ☐
담장에 균열이 있거나 붕괴 위험은 없는가	YES ☐	NO ☐
공사 중 담장을 철거해야 하는 상황인가	YES ☐	NO ☐
공사차량 주차 및 자재 적재 공간이 충분한가	YES ☐	NO ☐
주말에도 시공이 가능한 여건인가	YES ☐	NO ☐
주택의 용도 변경이 필요한 경우, 가능한 상황인가	YES ☐	NO ☐
증축이 필요하다면 가능한 범위가 충분한가	YES ☐	NO ☐

STEP 2 계약서 작성

내용	CHECK	
협의된 대금 지급 조건이 정확하게 반영되었는가	YES ☐	NO ☐
사업상 민원, 공사상 민원 책임 소재가 명확하게 분리되었는가	YES ☐	NO ☐
공사기간이 지체되었을 때 책임 소재가 누구에게 있는지 명시했는가	YES ☐	NO ☐
불포함 비용에는 어떤 항목이 있는가	인입비 ☐ 각종 세금 ☐ 각종 감리비 ☐ 기타 ☐	
공사견적서는 평당 견적이 아닌 '공정별 견적'을 받았는가	YES ☐	NO ☐
직불동의서 등 협력업체의 공사 불능 상태에 대응할 수 있는 방안이 있는가	YES ☐	NO ☐
마감 재료를 구체적으로 선정한 '자재 샘플 목록'을 받았는가	YES ☐	NO ☐
계약자의 명의가 정확하게 반영되었는가	YES ☐	NO ☐

TIP 건축주가 시행자(설계·시공자)에게 반드시 챙겨야 할 것

단독주택 리모델링은 구조 변경이 이루어지는 경우가 많으므로 설계도서, 샘플리스트, 시방서, 공사견적서 등을 꼭 챙겨야 한다. 특히, 구조 변경을 하는 주택은 도면이 없으면 예상치 못한 추가 공사비용이 생길 수 있을 뿐 아니라 분쟁의 소지가 많아질 수 있다. 따라서 반드시 설계도면을 작성한 후 견적서를 산출하고 시공을 진행하길 권한다.
모든 서류를 갖추는 것이 부담스럽다면, 최소한 평면도와 구체적인 공사견적서는 공사업체에 요구해야 한다.
공사견적서는 평단 견적을 받으면 디테일한 내역이 없어 추가 비용이 발생할 수 있으므로 반드시 '공정별' 금액을 산정하도록 한다.

STEP 3 리모델링 설계

내용	CHECK	
현황 도면 및 관련 서류를 확보했는가	YES ☐	NO ☐
건축물 관리대장상의 면적과 층수가 실제와 일치하는가	YES ☐	NO ☐
도면과 측량을 통해 얻은 실제 현장이 확보한 서류와 일치하는가	YES ☐	NO ☐
현재 법규에 따른 가용 면적을 확인하고 확정했는가	YES ☐	NO ☐
구조 변경 및 증축 여부 등 공사의 범위 및 건물 용도를 확정했는가	YES ☐	NO ☐
구조기술사를 통해 노후 진단, 건물 안전성 및 증축 가능성을 조사했는가	YES ☐	NO ☐
전기설비, 급수배수, 공조환기, 위생설비 진단이 잘 이루어졌는가	YES ☐	NO ☐
주차 대수를 정확하게 산정했는가	YES ☐	NO ☐
어떻게 시공해야 하는지 표시한 '공사 시방서'를 제공받았는가	YES ☐	NO ☐
평면도, 전개도, 전기도면 등이 포함된 '설계도서'를 제공받았는가	YES ☐	NO ☐

STEP 4 착공 준비

내용	CHECK	
인접대지 소유자 입회 하에 경계측량이 이루어졌는가	YES ☐	NO ☐
기존 건물의 철거 부분은 확정하였는가	YES ☐	NO ☐
석면검사가 필요할 경우, 검사 면적과 일정을 결정하였는가	YES ☐	NO ☐
철거 및 멸실 신고, 건축물 등기 말소가 필요한가	YES ☐	NO ☐
정화조 처리 및 건설폐기물 배출 및 처리가 원활하게 이루어졌는가	YES ☐	NO ☐
매립되어 있는 수도, 가스, 전기, 통신 배관을 확인하였는가	YES ☐	NO ☐
이웃에 공사 관련 공지를 명확히 하고 양해를 구했는가	YES ☐	NO ☐

STEP 5 시공 과정

항목	내용	CHECK	
구조 변경·보강	철거 및 신설 벽체가 평면도와 일치하게 이루어졌는가	YES ☐	NO ☐
	보강 자재가 계획된 규격에 맞게 반입되었는가	YES ☐	NO ☐
	구조 보강이 시방서대로 정확하게 시공되었는가	YES ☐	NO ☐
단열 공사	해당 부위에 적절한 종류의 단열재가 적용되었는가	YES ☐	NO ☐
	배관 등 단열재 관통부 주변이 기밀하게 시공되었는가	YES ☐	NO ☐
	단열재가 끊어지는 곳 없이 엇갈리게 겹쳐 시공되었는가	YES ☐	NO ☐
	벽체와 창문틀 사이가 코킹재로 밀실하게 시공되었는가	YES ☐	NO ☐
조적 공사	부속 연결철물의 재료와 크기, 품질 등을 확인하였는가	YES ☐	NO ☐
	조적의 방향과 수평이 균일하고 정확한가	YES ☐	NO ☐
	줄눈의 폭이 너무 크거나 깊지는 않은가	YES ☐	NO ☐
미장 공사	미장 시공할 표면이 평평하게 처리되었는가	YES ☐	NO ☐
	들뜬 부위가 있는지 세밀하게 확인했는가	YES ☐	NO ☐
	개구부 주위 균열 방지 대책이 적용되었는가	YES ☐	NO ☐
	마무리된 면의 상태가 양호한가	YES ☐	NO ☐
타일 공사	무늬 연결이 올바르게 이루어졌는가	YES ☐	NO ☐
	모서리 타일 등 이형타일 시공이 적합하게 이루어졌는가	YES ☐	NO ☐
	줄눈의 폭과 색상 등이 계획대로 반영되었는가	YES ☐	NO ☐
	타일 접착력이 약하지는 않은가	YES ☐	NO ☐

3

노후주택 리모델링
오프라인 집들이

Remodeling Houses

소박하고
균형 있는
삶을 위한 단층집
Lagom

01.

집은 '삶을 담은 그릇'이라는 걸,
이제야 알게 되었다. 9번의 이사를
거쳐 마침내 나를 꼭 닮은 공간과
일상을 누리게 된 부부의 이야기.

+ **WHERE**	인천광역시 남구
+ **WHO**	부부
+ **HOUSE INFO**	1976년에 지은 단층 주택
+ **HOW**	설계 3개월, 공사 4개월, 내·외부 전체 개조

입체감 있는 구조의 이 단층집에서 가장
눈에 띄는 건 현관. 손님과 집주인의
동선을 분리하여 손님은 좌측 거실을
향한 통로로, 부부는 미닫이문을 열고
드레스룸으로 진입한다. 부부의 깔끔한
성격과 생활 습관을 반영한 구성이다.
마루 밑 깊은 흙바닥이 드러났던 거실은
집 전체 바닥보다 바닥을 약 50cm
낮추어 풍성한 공간감을 확보했다.

Before

Story

아파트와 오피스텔을 전전한 9번의 이사. 이해승, 박은정 씨 부부는 기성복 같은 집에서의 삶을 더는 반복하고 싶지 않았고 2016년 11월, 이 집을 계약했다. 1976년 지어진 단층집으로, 아내 은정 씨와 동갑내기인 집이었다.

"가격이 낮더라도 차가 들어가지 못하는 좁은 골목의 집은 제외했죠. 가능하면 두 도로가 교차하는 코너에 위치한 집을 찾았어요."

재개발 문제가 확정되지 않은 지역이라 위험 부담은 있었지만, 과감하게 리모델링하기로 했다. 주택의 경제적 가치를 우위에 두었다면 쉽게 내리지 못했을 결정이었다. 다만 너무 오래된 집이라 앞으로 무엇을 어떻게 해야 할지 막막했고, 전문가가 필요하겠다는 판단이 들었다.

"소박하고 여유로운 삶, 소소한 즐거움을 누릴 줄 아는 분들이었어요. 공간에 대한 이해가 빠르고 디자인 감각도 남달랐고요. 관련 지식도 해박하셔서 제가 오히려 긴장할 정도였죠."

여러 건축가와의 미팅 끝에 연을 맺은 스튜디오 오브릭의 남혜영 소장은 두 사람을 이렇게 기억한다. 여행, 캠핑 등 평소 아웃도어 라이프를 즐기는 부부는 자유로운 라이프스타일이 잘 반영된 '집 같지 않은 집'에 살고 싶다고 주문했다.

남쪽으로 마당을 둔 집은 외벽 마감재 등이 비교적 고급스럽고 탄탄해 보였다. 하지만, 막상 뜯어보니 반전이 기다리고 있었다. 조적 상태가 굉장히 엉성했고, 오랫동안 관리가 제대로 이루어지지 않은 것으로 보였다. 게다가 화장실이 마당에 있어 넓지 않은 면적에 2개의 욕실까지 포함시켜야 했다. 결국, 기존 구조를 최대한 살리는 선에서 다양한 평면을 검토하는 것으로 방향을 잡았다. 마침내 완성된 집은 거실을 중심으로 외곽선을 따라 빙 둘러 이어지는 독특한 동선을 가진다. 부부의 생활 패턴을 반영하고 단층집의 제약을 해결한 해법이다.

작지만 넉넉한 새집에서 가장 먼저 찾아온 변화는 바로 '미니멀라이프'. 가진 것에 감사하고 넘치는 것을 버릴 줄 아는 삶을 살며, 부부는 집과 함께 적당히, 나이 들어간다.

1 – 현관에서 거실, 주방 등 공용 공간으로 이어지는 진입로. 집의 역사를 간직하고자 옛 외벽 일부를 그대로 남겨둔 점이 인상적이다.

2 – 거실 창가의 좌식 공간. 깊은 바닥 레벨을 살려 단차를 준 덕분에 한층 입체적인 공간이 탄생했다.

3 – 집은 거실을 중심으로 주방, 침실, 다다미방, 계단실 등 다양한 공간을 빙 둘러 배치했다. 특히 단을 높여 계획한 다다미방은 3중 슬라이딩 도어를 열면 거실의 확장형으로, 닫으면 게스트룸으로 변신한다.

대지면적 171㎡(51.73평) | **건물규모** 지상 1층 + 옥탑 | **건축면적** 81.91㎡(24.78평) | **연면적** 89.91㎡(27.2평) | **건폐율** 47.63% | **용적률** 52.3% | **주차대수** 1대 | **구조** 기초 – 철근콘크리트 줄기초 / 벽 – 연와조 | **단열재** 외단열 – 비드법단열재 50mm / 내단열 – 비드법단열재 50mm + 수성연질폼 200mm | **외부마감재** 외벽 – 스터코 외단열시스템 / 지붕 – 콘크리트 평슬래브 옥상 방수 | **담장재** 금속 평철 제작 | **창호재** 살라만더 시스템창호 / 유리 – 한글라스 46T(5Low-E+16Ar+4CL+16Ar+5Low-E) | **에너지원** 도시가스 | **설계·시공** 스튜디오 오브릭(STUDIO O'BRICK) 남혜영 02-730-0029 www.obrick.kr | **주택매입비** 2억6,000만원 | **총공사비** 1억3,000만원(2018년 기준)

4 – 2가지 동선이 한눈에 들어오는 거실. 안전상의 이유로 없앨 수 없던 벽이 오히려
장점이 되어 집 전체가 순환하는 독특한 동선을 이루게 되었다.

5 – 건축주 요청에 따라 신발장 없이 심플하게 구성한 현관.

6,7 – 현관, 드레스룸, 욕실, 세탁실로 이어지는 진입로, 부부를 위해 마련한 프라이빗한
동선으로, 외부에서 오염된 옷과 신발을 바로 탈의하고 세면할 수 있다.

8 – 공간을 효율적으로 활용해 만든 세탁실 및 욕실.

PLAN 1F

PLAN ROOFTOP

9 - 드레스룸, 욕실을 지나 꺾으면 정면으로 침실 출입구가 보인다. 부부만 생활하는 집이다 보니 아치형 출입구에는 커튼으로 문을 대신해 디자인적 요소를 살렸다.

10 - 평상형 침대를 제작한 침실. 오롯이 휴식에만 집중할 수 있는 공간이다.

11, 12 - 요리와 식사가 동시에 이루어지는 주방. 나무의 따스한 질감이 느껴지는 곳이다. 마주 선 부부의 모습이 사랑스럽다.

INTERIOR

내부마감재 벽 – 수성 내부용 vp 마감(비닐페인트), 적벽돌 / 바닥 – 윤현상재 테라조 타일 **| 욕실 및 주방 타일** 윤현상재 수입타일 **| 욕실기기** 수전 – 해외직구 / 도기 – 대림바스, 이시스 / 욕조 – 새턴바스 **| 주방가구** 합판 현장 제작 **| 조명** 루이스폴센 파테라(Patera), 제작 조명 **| 계단재** 라왕합판 **| 방문** 영림도어

"전문가를 신뢰하되, 내 집을 이해하기 위한 노력을"

리모델링은 셀프 시공이나 직영으로도 충분하다고 생각하기 쉽지만,
전문가(건축가)가 투입되면 과정과 결과물이 분명히 달라집니다. 적벽돌,
스테인리스, 합판, 타일 등 다양한 자재와 스타일을 적절하게 매치하기 쉽지
않더라고요. 특히 저희끼리 진행했다면 나올 수 없었을 효율적인 구조와
동선에 감탄하지 않을 수 없었죠. 영리한 평면 설계가 중요한 리모델링에
건축가의 역할이 꼭 필요하다는 걸 절실히 느꼈습니다.
단, 전문가와 함께 하더라도 건축주는 기본적으로 집에 대해 충분히 이해하고
있어야 합니다. 저는 인터넷을 통해 자재나 시공 디테일에 관한 정보를
수집하고 건축 관련 교육을 수강했어요. 시공 현장에도 상주하다시피
했습니다. 덕분에 집에 문제가 생겼을 때도 빠르게 대응할 수 있었죠.

13 - 서재로 쓰는 아늑한 옥탑방. 합판으로 마감한 벽과 천장이 계단에서부터 이어진다.

REMODELING PROCESS

1 - 철거를 시작하고 목재 프레임을 제거하니 부실하기 짝이 없는 내부 조적 벽이 드러났다.

2 - 거실 마루를 철거했는데, 생각보다 단차가 더 깊어 이를 그대로 살릴지 바닥 레벨을 맞출지 고민했다.

3 - 기존 전기 배관을 모두 교체하는 작업을 했다.

4 - 원래 안방이었던 공간에 주방을 만들기 위한 배관을 시공하고 콘크리트를 타설한 후 양생했다.

5 - 유난히 길었던 장마가 물러가고 본격적으로 벽체 보강을 시작했다.

6 - 단열을 위해 거실의 나무 창을 뜯고 바닥부터 보강 작업을 하였다.

7 - 내부 바닥과 벽 마감이 시작됐다. 바닥에는 테라조 타일을 깔고 벽은 도장했다. 주방 벽에는 화이트 타일을 깔고 나무로 주방 가구를 제작했다.

8 - 도장 전 목재로 마감한 계단실. 합판 벽체의 느낌을 꼭 살리고자 계단실부터 옥탑방까지 이어지는 느낌으로 마감했다.

9 - 욕실 공사와 붙박이장, 조명 설치 등이 마무리되었다.

성북동
막다른 골목길
빛우물 집
Fade in

02.

북한산 풍경이 그림처럼 펼쳐지는
동네. 가파른 경사, 좁은 골목 안
자리한 집은 층층이 다른 빛을
머금으며 서울의 정경을 굽어본다.

+ **WHERE**	서울시 성북구
+ **WHO**	부부 & 딸 2
+ **HOUSE INFO**	1970년에 지은 2층 주택
+ **HOW**	다락 증축, 공사 4개월

2층 복도는 빛우물 집의 하이라이트. 경사진 곳에 위치한 주택의 1층은 어둑하고도 아늑한 공간으로, 계단을 오를수록 점점 환해지는 빛의 조도를 느낄 수 있다.

Before

Story

살던 아파트가 있던 곳이 재개발 구역으로 지정되면서 새 보금자리를 찾던 부부. 서울 성북동
어느 동네, 좁고 깊숙한 골목에서 근사한 풍경을 만났다. 지대가 높고 막다른 길에 있는 낡은
주택이었지만, 이 전망을 누릴 수 있다면 주차 등의 불편쯤은 충분히 감수할 수 있었다.

　　"공사 차량이 들어오기 힘들고 자재 적재 공간이 충분치 않을 거라고는 미처 생각지
　　못했어요. 가파른 경사에 폐자재로 축대를 쌓아서 자재를 나르기도 했지요(하하)."

이 집의 최초 역사는 1970년으로 거슬러 올라간다. 긴 세월 여러 주인을 거치며 2세대로 분리해
사용되어온 집은 1층의 반이 경사지에 묻혀 있어 어둡고 습했다. 외부 계단을 통해 진입하는
2층은 옆집 빌라가 거실 창을 가리고 있었다. 과연 이 오래된 주택을 네 식구의 아늑한 집으로
탈바꿈시키는 일이 과연 가능할까 싶은 첫 만남이었다.

본격적인 리모델링은 밖에 있던 계단을 안으로 들이며 시작됐다. 부족한 면적을 보완하기
위하여 다락을 증축하기로 하면서 구조 보강이 필요했다. 기초가 없는 옛집이라 H빔의 줄기초
작업을 선행하고, 조적조 건물 철거의 위험성을 고려해 철거와 구조보강을 2번씩 나누어
진행했다. 새로 생긴 다락은 하중을 줄이기 위하여 목구조로 지었다. 그리하여 완전히 재구성된
집은 가장 어두운 1층에 마당을 향해 열린 거실과 주방을 두고, 2층에 복도를 중심으로 각자의
방이 자리한다. 전면 창과 탁 트인 옥상 너머로 풍경을 마음껏 누릴 수 있는 다락은 서재로
꾸몄다. 집은 현관으로 들어와 다락까지 이어진 계단을 오르며 달라지는 빛의 농도를 느낄 수
있는데, 루버로 만든 다락 바닥이 남향으로 낸 창의 빛을 2층, 1층까지 끌어들이는 까닭이다. 집
이름 '빛우물'은 이러한 빛의 변화와 공간감을 담아 지었다.

　　"우리 집이 완공되고 나서 주변 집들도 하나둘 리모델링 공사를 시작했어요."

동네의 작은 변화에 출발점이 되어준 빛우물 집. 머지않아 골목에는 젊은 생기와 정겨운 사람
냄새가 가득 피어나리라 믿는다.

1 - 거실에서 내다본 아담한 마당. 도로에 접한 집의 전면에 창을 가리는 적삼목 루버 면을 두었는데, 대문 역시 같은 디자인으로 통일감을 주었다.

2 - 현관 앞 복도와 집의 중심이 되는 계단실.

3 - 오르막에서 바라본 주택의 측면과 서울 전경. 모든 방에 바깥 풍경을 누릴 수 있는 발코니를 만들어달라는 건 부부의 특별한 요청이었다. 2층 안방의 발코니는 경사진 골목에서도 바로 출입이 가능하다.

HOUSE PLAN

대지면적 공부상 면적 – 83㎡(25.11평) / 도로 후퇴 면적 – 13.28㎡(4.02평) / 실대지면적 – 69.72㎡(21.10평) | **건물규모** 지상 2층 + 다락 | **건축면적** 55.37㎡(16.75평) | **연면적** 95.81㎡(28.98평) | **용적률** 137.42% | **건폐율** 79.42 % | **최고높이** 8.5m | **구조** 기초 – 철근콘크리트 줄기초 보강 / 지상 – 연와조 + 내진설계 빔 보강 / 다락 – 경량목구조 외벽 2×6 구조목 + 내벽 S.P.F 구조목 / 지붕 – 2×8 구조목 | **단열재** 지상 – 비드법단열재 2종3호 250mm / 다락 – 그라스울 24K | **외부마감재** 외벽 – 테라코 외단열시스템 / 지붕 – 이중그림자싱글 | **담장재** 조적 위 테라코, 40×40 아연도 각파이프 + 적삼목 | **창호재** 윈체 250mm PVC 이중창호(에너지등급 1등급) | **에너지원** 도시가스 | **구조설계** 파워구조 | **철골 구조 및 금속 시공** 삼형창호 | **설비** 수연설비 | **전기** 류동전력 | **목공** MUMUM HOUSE 서귀석 목수 | **도장** PNC 인테리어도장 | **설계** 공간공방 미용실 www.silyongmi.com

4 - 주방에서 바라본 거실과 현관, 계단실. 층고를 확보하기 위해 노출시킨 H빔은 구조적 역할을 하는 동시에 공간을 구획하며 디자인 요소가 되어준다.

5,6 - 마당과 거실을 향해 열린 주방은 아내가 가장 좋아하는 공간이다.

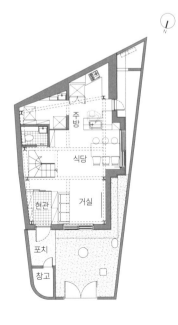

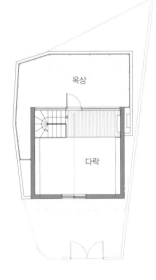

PLAN 1F

PLAN 2F

PLAN ATTIC

7 – 안방에서 바라본 복도 너머의 작은딸 방.

8 – 대학생인 큰딸이 쓰는 방. 자매의 방 모두 2층 침대로 공간 활용을 극대화하고 발코니를 두었다.

9 – 건식으로 구성한 2층 욕실. 세면대와 화장실을 마주 보게 두고 가장 안쪽에 욕조가 있는 욕실을 배치했다.

10 – 2층 안방에서 루버 문을 열면 만나게 되는 널찍한 발코니.

11 – 루버로 만든 다락의 투시형 바닥, 계단실을 통해 빛이 깊숙이 들어온다.

12 – 서재로 꾸민 다락은 남편의 아지트이기도 하다.

INTERIOR

내부마감재 벽 – KCC 친환경페인트 / 바닥 – LG하우시스 데코타일, 합판(다락) | **욕실 및 주방 타일** 동림
타일 | **수전 등 욕실기기** 대림바스 | **주방 가구** 위아트, 백조씽크, 이케아 | **조명** 국제조명, 이케아 | **계단
재·난간** 고무나무 집성, 30Φ | **현관문** 코렐 도어 | **중문** 엣지게이트 | **방문** ABS 예림도어, 합판 위 투명
코팅 | **붙박이장** 위아트 | **데크재** 방킬라이 19mm

13

14

13,14 – 다락에는 넓은 옥상 너머로 서울 시내를 조망할 수 있도록 전면 창을 내었다. 루버로 된 계단실의 천장이자
다락의 바닥은 집 안에 빛을 들이는 통로다.

REMODELING PROCESS

1 - 제거할 벽과 남길 구조를 확정했다. 늘 안전이 최우선임을 명심하며 본격적인 철거 작업에 들어갔다.

2 - 옛집이라 기초공사가 되어 있지 않았다. H빔 보강을 위해 바닥 기초 공사가 필요한 부분을 진행했다.

3 - 다락 증축과 구조적 안전성을 위해 H빔으로 기둥과 보를 새로 보강했다.

4 - 연와조 건물은 철거에 위험성이 있어 1차 구조 보강으로 안전성을 확보한 후 2차 철거에 들어갔다.

5 - 새로운 벽체를 신설하기 위한 조적 작업이 이루어졌다. 수직수평을 꼼꼼하게 확인하여 시공했다.

6 - 내부 계단실의 금속 공사와 바닥의 방통 시공이 이루어졌다.

7 - 이전에 없던 다락을 새로 만들기 위한 목공사가 진행되었다.

8 - 내장 목공이 한창이다. 이제 인테리어 마감과 가구 등의 마무리 작업만 남았다.

9 - 외장과 내장까지 마치고 입주를 앞둔 시점. 공사의 끝이 보인다.

오래된
도심 주택가
숨은 그림 찾기
Treasure

03.

대구 황금동 오래된 주택가. 똑같은
지붕이 촘촘히 모인 풍경을 지켜주고
싶었던 가족은 신축 대신, 고치고
사는 법을 택했다.

+ **WHERE**	대구광역시 수성구	
+ **WHO**	부부 & 딸 3	
+ **HOUSE INFO**	30년 이상 된 2층 단독주택	
+ **HOW**	내·외부 전체 개조	

같은 형태의 지붕이 형형색색
모인 마을 초입, 첫 번째
회색 지붕집이 가족의
새 보금자리. 커튼월을
이용해 주방과 다이닝에서
이어지는 외부 테라스 공간을
만들고, 아이들을 위한 작은
미끄럼틀도 두었다. 부부의
보물인 세 아이들은 주택으로
이사 온 후 웃음이 끊이지
않는다.

Before

Story

After

대구 황금동, 어린이회관 주변 공원을 바라보고 있는 주택단지의 첫 번째 집. 가장 큰 장점은
남향이면서 동시에 남쪽으로 숲을 바로 바라볼 수 있다는 것이었다. 지하(도로에서는 바로
진입할 수 있는 1층 레벨)에는 주차 공간도 있었다. 본래 살고 있던 집주인을 설득해 이 집을
구입하게 된 부부는 30년 이상 관리가 잘 되지 않은 상황이어서, 고치고 산다는 것이 당최 쉽지
않아 보였다고 한다. 하지만 막상 부수고 새로 짓자니 도로에 면한 땅을 꽤 많이 내줘야 하는
문제가 있었다. 같은 형태의 주택이 모여 만든 마을의 모습을 가급적 지켜주고도 싶었다.

"이 집의 단점은 딱히 나열할 필요도 없을 만큼 단열, 설비, 구조까지 총체적이었어요. 그중
가장 큰 문제는 사용할 수 있는 공간이 부족하다는 것이었죠."

주차장으로 쓰던 지하는 너무 습해 오랫동안 비어 있었고, 2층 역시 덥고 추워서 사용이 쉽지
않았다. 세월의 흔적이 묻어나는 지붕엔 비가 샌 흔적도 있었다. 온전히 쓸 수 있는 공간은
1층뿐인데, 그마저도 공간구조가 효율적이지 못했고 절반은 난방도 되지 않는 상황이었다.
우선 쓸 수 있는 공간을 확보하기 위해 지하주차장에 현관을 두기로 했다. 지하 전체를 우레탄
내단열 하고, 이중벽을 쌓아 습한 벽에서 나오는 물을 처리했다.
현관을 지나 계단을 따라 올라오면 1층에는 주방과 다이닝, 거실, 욕실과 안방이 있다. 여기서
커튼월을 이용해 주방과 다이닝에서 이어지는 외부 테라스를 만들었다. 난방이 되지 않는
내부공간인 동시에 집 앞의 공원을 더욱 가깝게 만날 수 있는 장소다. 안방에는 천장을
뜯어내면서 생긴 층고를 활용해 다락을 놓았다. 마지막으로 밝은 거실을 위해 2층을 관통해 지붕
밖으로 이어지는 천창을 내어 하늘을 안으로 끌어들였다.
한 층 더 올라가면 세 자매의 공간이 나타난다. 기존 지붕 전체를 걷어낸 후, 새로 목구조를 짜고
우레탄으로 지붕 전체를 단열했다. 징크를 사용해 지붕 외피를 만들고, 2층 내벽을 모두 없애
하나의 공간으로 사용하고자 했다. 대신 구조 역할을 겸하는 2층 침대를 만들어주었고,
이 과정에서 지하부터 2층까지, 필요한 위치에 구조보강을 위한 철골빔 작업이 이루어졌다.

1 - 거실에서 바라본 주방 모습. 단 차이를 두어 수납공간을 마련했다.

SECTION

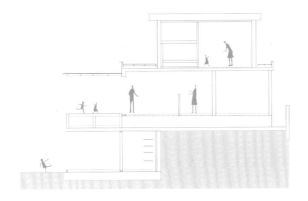

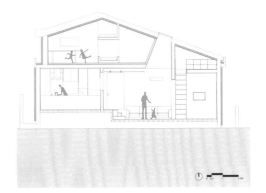

2 – 2층에 마련된 아이들의 공간. 아이를 위해 제작한 2층 침대가 눈길을 끈다.

3 – 거실 앞 전면창을 통해 작은 마당이 한눈에 들어온다.

4 – 주방과 이어진 테라스. 이곳에서는 풍경 좋은 공원을 더 가까이 마주하게 된다.

HOUSE PLAN

대지면적 203.0㎡(61.4평) | **건물규모** 지하 1층, 지상 1층 + 다락 | **건축면적** 110.4㎡(33.39평) | **연면적** 110.4㎡(33.39평) | **건폐율** 54.4% | **용적률** 54.4% | **최고높이** 7.2m | **구조** 기초 - 철근콘크리트 옹벽기초 / 벽 - 외벽 : 시멘트벽돌조 + 내벽 : 2×6 or 2×4 SPF 구조목, 조적벽 + H빔 철골구조 보강 / 지붕 - 2×12 SPF 구조목 + 우레탄폼 + OSB 합판 + 방수시트 + 멤브레인 | **단열재** 벽 - 140mm 우레탄폼 + 100mm 비드법보온판 / 지붕 - 240mm 우레탄폼 단열 | **외부마감재** 벽 - 파렉스 아쿠아솔(흰색), 커튼월 / 지붕 - 컬러강판 | **창호재** 베카(VEKA) 유럽식 시스템창호(에너지등급 2등급) | **시공** 위빌시티 | **설계** JYA-RCHITECTS 070-8658-9912 http://jyarchitects.com | **사진** 황효철

PLAN 2F

PLAN 1F

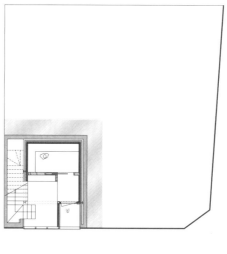

PLAN B1F

5 – 현관이 있는 지하 1층과 연결된
계단실.

6 – 필요에 따라 외부로부터의 시선을
차단하고, 동시에 집에 새로운 표정을 불어
넣기 위해 화려한 패턴의 패브릭을 커튼월
뒤에 설치했다.

INTERIOR

내부마감재 벽 – 던에드워드 친환경 도장 / 바닥 – 원목마루 | **욕실 및 주방 타일** 벽 – 포
세린 타일 커팅 시공(화장실, 한양타일) / 바닥 – 이립(ileap) 수제타일 | **수전 등 욕실기기**
아메리칸스탠다드, 대림바스 | **주방가구** 자작나무합판 + 인조대리석 | **조명** 라이마스(T5
LED, LED 매입등, LED 벽부등, LED 레일등) | **계단재** 자작나무합판 | **현관문** 단열방화도
어 | **방문** 자작나무도어 + 던에드워드 친환경 도장 | **데크재** 천연하드우드(모말라)

낡은 것들이
더 사랑받는
빨간 벽돌집
Lovely Home

04.

부부는 집의 의미에 대해 새삼 찬찬히
돌아본다. 작은 마당이 있고 다락이
있는 이 아담하고 오래된 벽돌집에서.

+ **WHERE**	부산광역시 서구
+ **WHO**	부부
+ **HOUSE INFO**	1989년에 지어진 2층 벽돌 주택
+ **HOW**	3주간 내부 위주 공사

"공사는 끝났지만, 아직 할 일이 많이
남아있어요. 천천히 집을 가꾸면서
건강하고 행복한 추억을 차곡차곡
쌓아가고 싶어요."
하루가 다르게 변해가는 동네의 모습
속에서 부부는 외관과 내부 구조와
마감재 등 지킬 것은 지키며 집을 고쳤다.
두 사람이 좋아하는 이 동네가, 이 집이
오래도록 이 자리에 남아주길.

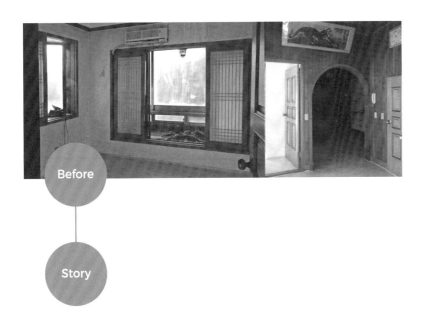

Before

Story

집을 찾아 헤맨 지 1년여, 50채에 가까운 집을 보고서야 꿈에 그리던 집을 만났다. 1989년에
지어져 30년 가까이 된 낡은 벽돌집이었다. 조용한 주택가, 작은 마당이 있는 해가 잘 드는 2층
남향집, 공원과 도서관이 가까이 있고 무엇보다 어떻게 고치면 되겠다는 구상이 딱 떠오르는
곳. 빨간 벽돌이 좋아 외부 공사는 거의 하지 않기로 했다. 다만 내부의 벽과 천장이 서기목으로
되어 있어 집이 어두워 보였고 단열재 공사도 필요했다. 덕분에 계단실의 벽과 바닥, 방문과
문틀을 제외한 벽, 바닥, 천장의 마감재는 모두 뜯어내야 하는 상황이었다.
집을 계약한 후엔 숨 돌릴 틈 없이 리모델링 해줄 업체를 찾느라 시간을 보냈다. 모든 것이
처음이다 보니 관련 서적을 찾아가며 열심히 공부해야 했다. 공정마다 어느 정도의 비용이
드는지 감이 오질 않아 철거, 창호, 도배, 바닥 등 하나하나 개별 견적을 받아보고, 원하는
리모델링 공정이나 인테리어 이미지를 파일로 정리하는 수고도 마다하지 않았다. 그렇게
부부의 소소한 노력이 더해져 가장 마음에 드는, 마음이 잘 맞을 것 같은 한 업체를 선정했다.
집은 연식에 비해 관리가 잘 되어 있는 편이었고 기본 구조도 좋아 웬만하면 기존의 모습을
간직하자는 쪽으로 의견을 모았다.

"조금은 불편하고 완벽하지 않더라도 오래된 것의 가치를 알고 소중히 다루는 방식을
예전부터 좋아했어요. 이 집도 그런 점에서 의미가 있었고요. 집을 고치며 계단과 방문, 외벽
등을 그대로 둔 것도 같은 이유에서였죠."

새집처럼 완벽한 수리보다 이 집의 세월에 두 사람의 취향을 살짝 보탠다는 생각으로 공사를
시작했다. 다양한 용도로 나뉘어 있는 1층은 아치 형태로 벽을 뚫거나 슬라이딩 도어를 달아
모든 공간이 하나로 연결되는 구조를 만들었다. 특히 주방과 마주한 다이닝룸은 부부가 가장
사랑하는 공간. 세월의 흔적이 켜켜이 쌓인 가구와 조명이 한자리에 모인 이곳에서, 커피를
마시고 밥을 먹고 책을 읽는 일상이 더없이 소중하게 다가온다.

#3 오프라인 집들이

1,2 - 기존 집의 외관을 고스란히 살려 두었다.

3,4 - 아내의 작업실이 될 해 잘 드는 공간. 4면 슬라이딩 도어를 달아 방문을 열어
두면 모든 공간이 하나로 연결되어 개방감을 준다.

대지면적 162㎡(49평) | **건물규모** 지상 2층 + 다락 | **건축면적** 61.58㎡(18.62평) | **연면적** 117.16㎡(35.44평) | **건폐율** 58.05% | **용적률** 110.45% | **주차대수** 1대 | **최고높이** 7.1m | **구조** 시멘트 벽돌 조적조 | **단열재** 압출법단열재 XPS(스티로폼)30T, 열반사단열재, 우레탄폼 | **외부마감재** 적벽돌(기존 외벽) | **창호재** KCC시스템창, PNS 이중창 | **에너지원** 도시가스 | **설계·시공** 다비드 인테리어(정해전) 010-9325-4620 | **총공사비** 5,649만원 (2018년 기준)

5

5 – 가장 애정이 간다는 다이닝룸. 1960년대 덴마크에서 만들어진 다이닝 테이블, 1970년대 제작된 보루네오 티크 서랍장, 1952년 퍼스트에디션인 앤트 체어, 1958년 처음 탄생한 루이스폴센 ph5 등 오랜 세월이 쌓인 물건들이 한자리에 모였다.

6,7 – 예전 집의 추억이 고스란히 전달되는 계단실. 2층으로 오르다 보면 나무 벽 뒤로 작은 공간이 있다. 어릴 적 집 안에서 숨바꼭질했을 것 같은 비밀스러운 장소다.

8 – 기존 벽 일부를 철거해 주방과 다이닝룸 사이에도 아치형 통로를 만들어주었다.

INTERIOR PLAN

내부마감재 벽 – e.ROOM 에프티벽지 / 바닥 – 이건 온돌마루 | **주방가구** 리빙룸, 화이트
무광 | **싱크볼** 백조씽크 | **수전** 이케아 | **조명** 이케아 | **다이닝 테이블** 1960년대 빈티지
테이블(해외 직구) | **다이닝 체어** 프리츠한센 앤트체어(빈티지)

9 - 신혼집도 이 동네였을 만큼 예전부터 좋아했던 동네에 집을 고치고 살게 되어 행복하다는 부부.

10,11 - 2층 거실 좌측에는 조용하게 책 읽기 좋은 아늑한 공간이 마련되었다. 거실의 돌출된 벽엔 이웃집과 마주한 큰 창이 있었는데, 프라이버시를 고려해 벽으로 막고 시선 위로 환기를 위한 작은 창을 새로 내었다.

12 - 2층 복도에서 바라본 계단. 현재와 과거가 같은 장소에서 이어지는 듯하다.

13 - 서재로 사용 중인 방은 추후 아이 방으로 꾸며줄 예정.

PLAN 1F

PLAN 2F

Owner's TIP

"사연 많은 오래된 집, 잘 알아보고 선택하세요"

집을 담보로 한 근저당은 없는지, 옆집의 땅을 침범하지는 않았는지, 시유지를
끼고 있지는 않은지(시유지를 끼고 있으면 사용하는 만큼의 일정 금액을
사용료로 납부), 불법 증축된 건물은 없는지 계약 전 서류를 잘 확인해야
합니다. 또한, 직접 눈으로 보며 하자를 꼼꼼히 점검해야 해요. 오래된
주택의 경우 문제가 없는 집은 거의 없겠지만, 배보다 배꼽이 더 크다고 주택
구매비에 비해 수리비가 더 많이 나올 수도 있으니까요. 저희는 계약 전
적어도 10번 이상은 낮과 밤 평일과 주말 할 것 없이 집 주변을 둘러봤어요.
집에 주인이나 세입자가 살고 있으면 집 안을 여러 번 보기 힘드니 한 번 볼 때
잘 살피고 사진을 남겨 두면 더 좋아요. 무조건 다 부수고 새것 같은 집으로
리모델링하는 것보다 기존의 오래된 멋을 잘 살린다면 비용도 절감하고
돈으로 살 수 없는 가치를 지닌, 멋진 집이 완성될 거예요!

14 - 채광 좋은 곳에 자리한 침실. 창 앞 좌식 공간 아래는 활용도 좋은 수납장을 짜 넣어 계절 지난 이불 등을 보관한다.

REMODELING PROCESS

1 - 1층 작업실의 작은 창을 전면창으로 확장했다. 덕분에 바로 마당으로 나갈 수 있고 채광도 더 좋아졌다.

2 - 1층 다이닝룸과 주방을 연결하는 아치형 통로를 만들기 위해 기존 벽의 일부를 없앴다. 철거한 천장은 경사를 낮춰 박공지붕 형태를 살렸다.

3 - 비와 추위 때문에 공사를 며칠 쉬어 갔다. 오랜만에 날씨 좋았던 날엔 창호를 설치하고 보일러 배관 공사도 진행했다.

4 - 단열 및 목공사가 시작되었다. 마이너스몰딩과 커튼박스, 필요한 문틀과 문, 가구를 제작했다.

5 - 매입등 설치를 위한 타공 및 전기배선공사를 했다.

6 - 욕실 타일공사가 시작되었다. 이후 도기 설치 등이 이루어졌다.

7 - 양생된 바닥에 마루를 시공하였다. 이제 집다운 모습이 점점 갖춰져 간다.

8 - 집 내부 벽의 전체 도배 작업이 이어졌다. 같은 날 조명도 설치했다.

9 - 마지막으로 싱크대와 붙박이장 등이 들어왔다. 입주를 앞둔, 설레는 시점이다.

또 한 번의 변신,
오래된 집의
재활용
Once Again

05.

켜켜이 쌓인 세월을 버텨낸 집이
새로운 모습으로 가족 앞에 섰다.
고치는 동안의 기다림도 즐거웠던
가족의 첫 주택.

©김현철

+ **WHERE**	서울시 종로구
+ **WHO**	부부 & 아들, 딸
+ **HOUSE INFO**	30년 가까이 된 노후주택
+ **HOW**	내·외부 전체 개조

새 옷을 갈아입은 집은 노후 문제로 발생한
외장재의 들뜸과 크랙 등을 모두 꼼꼼하게
보수하고, 심한 부분은 재시공하여 깔끔한 외관을
완성했다. 간이주방과 화장실을 갖춘 1층 실내는
건축주가 원했던 인더스트리얼 콘셉트로 공간을
꾸미고, 조명과 마감 등에 포인트를 주었다.

Before

Story

결혼 후 부부는 도심 주거지역을 떠나 한적한 이 동네로 이사를 왔다. 주택에 대한 미련이 늘 있었기에 시간 날 때마다 부동산에 들렀지만 집은 빨리 나타나 주지 않았다. 그러던 어느 날, 오랜 바람에 보답하듯 만난 곳이 바로 이 집이다. 주변 다른 집과 비교했을 때 부담스럽지 않은 크기였고, 스킵플로어가 적용된 구조도 마음에 들었다.

"처음부터 리모델링을 고려한 건 아니었어요. 신축과 리모델링을 놓고 예산부터 하나씩 따져보았죠. 그랬더니 저희 입장에선 집을 고치는 쪽이 훨씬 더 나은 상황이더라고요."

집은 대지 면적에 비해 내부는 좁은 실들이 계단식으로 연결되는 복잡한 형태였다. 따라서 공간마다 쓰임에 맞는 소재나 구조를 만들어 목적성을 높이고자 했다. 또한, 공간이 넓어 보일 수 있게 층고를 최대한 확보하여 시원한 공간감을 연출하는 것도 잊지 않았다.

꽃 피는 봄에 찾아온 새하얀 박공지붕 집. 외벽과 대비되는 묵직한 대문을 열면 현관으로 오르는 계단과 마주하게 된다. 계단을 오르기 전 왼편에는 인더스트리얼 콘셉트로 꾸민 건축주만의 공간이 자리한다. 그 위로 아담한 정원 옆 해 잘 드는 곳에 거실과 주방이 차례대로 놓였고, 반 층 올라 드레스룸과 욕실이 딸린 부부 침실, 그리고 응접실을 대면하게 된다.

아이들을 위해 단독주택에 온 만큼 두 아이의 공간도 특별히 신경 썼다. 가장 높은 곳에 위치한 아들 방은 복층으로 설계해 드레스룸 겸 아이만의 놀이 공간을 마련해주고, 아래층 딸의 방에는 단을 높여 작은 집 모양의 가벽을 만들고 안쪽으로 아늑한 침실을 완성해주었다. 함께 공부하고 이야기 나눌 수 있는 서재를 두 아이의 방 사이 중간층에 배치해 서로의 유대감을 더욱 키워나갈 수 있도록 한 배려도 돋보인다.

"눈치 보지 않고 맘껏 뛰놀 수 있는 것만으로 아이들에겐 큰 기쁨이죠."

그 어느 때보다 부지런해야 하는 일상이지만, 어디에서도 느낄 수 없는 즐거움이 가족에게 깃들었다. 오래전 아빠에게 찾아왔던, 주택이 주는 매력이 두 아이에게도 그대로 전해지기를.

1 - 대문을 열면 현관으로 오르는 계단과 마주한다.
좌측 1층 공간은 건축주만의 취미실로 탈바꿈했다.

2 - 강화유리 펜스로 시공된 계단실. 기존 집의
스킵플로어 형식의 구조는 그대로 살렸다.

HOUSE PLAN

대지면적 324㎡(98.01평) | **건물규모** 지상 3층 | **건축면적** 134.9㎡(40.81평) | **연면적** 262.26㎡(79.33평) | **건폐율** 41.64% | **용적률** 57.25% | **주차대수** 2대 | **최고높이** 9.6m | **구조** 철근콘크리트조, 조적조 | **단열재** 비드법단열재 | **외부마감재** 드라이비트 | **창호재** KCC PVC 이중창호(에너지등급 2등급) | **에너지원** 도시가스 | **설계·시공** 어나더세컨드 02-722-5123 www.anothersecond.com

3

3 – 사용자의 동선을 고려한 주방.

4 – 가족이 생활하는 만큼 단정하게 디자인된 거실.

5 – 하나의 공간에 주방과 식당을 짜임새 있게 구성했다.

6 – 대리석 타일과 골드 컬러의 액세서리가 잘 어우러진 욕실.

INTERIOR PLAN

내부마감재 벽 – 던에드워드 친환경 도장, 오크 이다메 천연 무늬목 / 바닥 – 리피플로어 광폭 오크 원목마루 | **욕실 및 주방 타일** 윤현상재 수입타일, 스타투아리오 천연대리석 | **수전 등 욕실기기** KOHLER, 아메리칸스탠다드, 대림, 이케아, 이동식 욕조 골드스파 등 | **주방가구** 주방 – 천연대리석 상판, 백조씽크, 대일도기 / 취미실 – 키엔호 빈티지 티크 러스크 상판, 이케아 | **조명** 제작 조명, 을지로 초이스조명, 라이마스, 이케아 등 | **스위치** 융스위치, 마켓엠 | **계단재·난간** 리피플로어 광폭 오크 원목마루 + 0.5T 금속 분체도장, 자체 제작 | **현관문** 지에스디 단열 방화 도어, 현장 제작 도어 | **중문** 을지로 성문금속, 자체 디자인 및 제작, 분체 도장 | **방문** 갤럭시 도어 + LG하우시스 NW 필름 | **붙박이장** 주문 제작 | **데크재** 이케아 룬넨 조립식 데크 타일

7   **8**

7,8 – 본연의 기능에 충실한 부부 침실. 안쪽에 실용적인 드레스룸을 배치했다.

9 – 해 잘 드는 곳에 자리한 서재.

10 - 가장 높은 층, 높은 층고의 아들 방.

9 10

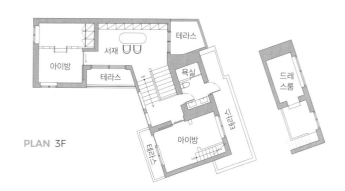

PLAN 3F

아이방　서재　테라스
테라스　욕실　드레스룸
아이방

PLAN 1F

홀
주방
화장실

PLAN 2F

테라스　거실　식당　주방　다용도실　보일러실
현관　욕실　안방
응접실　드레스룸

11 - 아이들이 사용하는 3층 욕실. 함께 쓸 수 있도록 세면대 두 개를 나란히 놓았다.

12,13 - 기존 물탱크실이었던 곳을 놀이방 겸 드레스룸으로 변신시켰다.

14 - 2층과 3층 사이에 계획된 서재.

동네의 시간을
이어가는 집,
배다리 주택
Bridge

06.

인천 배다리마을은 근대의 흔적을
여전히 간직한 채 기억을 두드린다.
그곳에, 멈춘 듯한 시간을 다시
흐르게 하는 집 한 채가 있다.

+ **WHERE**	인천광역시 동구
+ **WHO**	부부
+ **HOUSE INFO**	1989년 지은 2층 연와조 주택
+ **HOW**	공사 4개월, 내부 위주 리모델링

옛 모습을 최대한 살리는 데 집중한
배다리 주택의 외관. 벽돌과 타일의
감각적인 매치에서 과거와 현재가
교차하는 듯하다. 예전 집은 층별로
세대가 분리되어 외부 계단을 통해 2층
출입이 가능했는데, 리모델링을 통해
내부 계단을 만들었다.

Before

Story

근대와 현대가 맞물린 묘한 매력의 동네. 배다리마을의 골목골목엔 아직 1960~70년대 풍경이 남아 있다. 북적이는 인파에 활기를 띠던 시절은 옛말. 한때 유명했던 헌책방 거리도 이 집에서 지척인데, 지금은 겨우 서너 곳 정도만 남아 한산하다. 그래도 배다리마을은 각종 문화예술 공간과 벽화 거리 등 이곳을 사랑하는 이들의 노력으로 조금씩 되살아나는 중이다. 부부 역시 이왕이면 집을 잘 고쳐 남은 이야기를 이어가고 싶은 마음이었다.

주택은 기존 건물의 골조와 외장을 최대한 살려 집과 골목, 동네가 가진 맥락을 그대로 잇는다. 소통과 조화를 우선한 외관에는 세월 담긴 벽돌이 여전히 자리하고, 외부 시선 차단과 생활 편의를 고려하여 창문을 줄이고 남은 자리엔 흰색 벽이 채워졌다. 여기에 화이트 타일이 더해지며 한층 밝고 정리된 느낌을 준다.

외부는 옛 모습을 유지하는 데 공들였지만, 내부는 부부의 라이프스타일에 맞추어 완전히 개조했다. 바닥 면적 15평도 채 안 되는 작은 집이라 효율적인 동선과 공간 배치가 관건이었다. 층별로 세대가 분리되어 외부 계단으로만 출입할 수 있었기에, 우선 내부 계단을 새로 만들어 공간을 수직으로 이어주었다. 1층은 거실 및 주방, 다용도실, 서재 등 공용공간으로 구성하고, 2층에는 침실과 드레스룸, 욕실 등의 사적인 공간을 배치했다. 협소한 주방과 2개의 방이 있던 1층은 벽을 철거하고 구조 보강이 필요한 곳에 H빔을 세워 거실과 주방을 하나로 넓게 구성했다. 2층 침실은 최소한의 가구만 두어 간소하게 꾸미고, 좁은 마당을 대신할 발코니는 부엌이 있던 자리를 터서 확장했다. 발코니는 드레스룸, 세탁실과도 바로 연결된다.

오래 비어 있던 지하 공간은 거친 질감을 살려 인더스트리얼 분위기로 최소한의 정리만 했다. 인천에 대한 시시콜콜한 이야기가 담길 팟캐스트 녹음을 위해 공간을 꾸려가는 중이라고. 그 설렘 가득한 두 사람의 목소리에 몇 달, 1년 후 배다리마을과 이 집의 모습이 사뭇 궁금해진다.

1 – 오래된 벽돌과 깨끗한 화이트 컬러가 조화를 이루는 외관. 창 아래 흰 벽은 크기만 컸던 예전 창문의 흔적이다.

2 – 인더스트리얼 스타일의 카페 분위기가 나는 지하층.

3

3 - 1층 내부 전경. 주방과 거실, 서재 등 공용공간을 중심으로 구성했다.

4 - 집의 중심에 오픈된 형태의 내부 계단을 새로 만들었다.

5 - 거실에서 바라본 주방. 1층 창문은 경사진 도로에서 내부가 고스란히 노출될
정도로 컸는데, 이를 수정하여 프라이버시를 확보했다.

HOUSE PLAN

대지면적 85.6m²(25.9평) | **건물규모** 지하 1층, 지상 2층 | **건축면적** 48.47m²(14.7평) | **연면적** 87.49m²(26.5평) | **건폐율** 56.6% | **용적률** 102.2% | **최고높이** 5.4m | **구조** 연와조 | **단열재** 비드법단열재 | **외부마감재** 벽돌, 타일 | **담장재** 메탈라스망 담장 | **창호재** KCC PVC 이중창 | **에너지원** 도시가스 | **설계·시공** AAPA건축사사무소 02-557-2011 www.aapa.co.kr

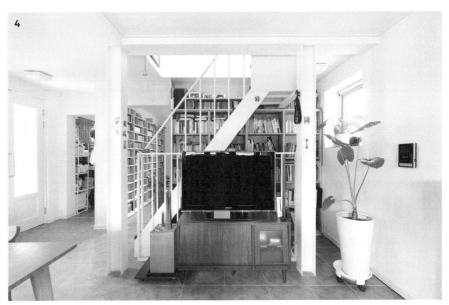

6, 7 – 프리랜서 작가인 아내가 주로 쓰는 1층 서재. 벽장엔 라디오 PD인 남편이
모은 음반이 가득하다. 가로창에는 이웃집 기와지붕과 하늘이 그림처럼 담긴다.

8 – 아내가 꼭 만들어달라고 요청했던 2층 발코니. 폴딩도어를 설치해 필요에
따라 공간을 여닫을 수 있다.

9 – 2층 복도와 계단실 모습. 맞은편 출입문은 외부 계단과 연결된다.

INTERIOR

내부마감재 벽 – 실크벽지, 포세린 타일 / 바닥 – 구정 강마루(내추럴 오크) | **욕실 및 주방
타일** 동서타일 | **수전 등 욕실기기** 대림 도비도스 | **주방가구** 지원아르코 | **조명** 이케아 |
계단재·난간 멀바우 집성목 + 스틸파이프 난간 | **중문** 엣지게이트(양개도어, 고시형, 목단
조 격자무늬) | **방문** 예림도어 | **붙박이장** 오크 집성목 제작

PLAN 1F

PLAN 2F

8

9

우여곡절 끝에
지은
도심 개축 주택
D-House

07.

도시 재생이 화두인 요즘, 서울
재개발지역 움직임이 심상치 않다.
면적은 더 늘릴 수 없지만, 신축처럼
지을 수 있는 개축 사례.

+ **WHERE**   서울시
+ **WHO**   부부 & 딸
+ **HOUSE INFO**   재개발 지역 내 60년 된 목조주택
+ **HOW**   동일한 면적과 합법적인 높이 산정의 개축

오랫동안 빈집이었던 건물은 여러 번의 심의와 문화재 발굴 조사 등을 거쳐 개축이 허용되었다. 차량 접근이 어려운 상태에서 공사 기간을 최소화하는 장점이 있는 목조로 전체 구조를 잡았다. 동네의 고즈넉한 분위기와 어울리도록 화이트 계열의 벽돌 타일과 진회색의 컬러강판으로 차분한 외관을 결정했다. 사실상 새로운 집이 들어선 거나 다름이 없는데도 동네 풍경에 위화감 없이 녹아든다.

Before
Story

서울 도심. 주택 재개발 정비구역이 해제될 무렵 구옥을 매입한 부부는 처음엔 달콤한 열매만 기다리고 있을 줄 알았다. 그러나 줄줄이 이어지는 악재들. 악성 민원과 불분명한 행정 절차가 발목을 잡았고, 건축 허가가 중간에 취소되거나 건축 심의만 세 차례 보는 등 남들은 겪지 못할 우여곡절을 한꺼번에 경험했다.

대지 면적이 20평 남짓인 작은 집이었기에 처음엔 설계와 시공을 같이 하는 소규모 업체에 일을 맡겼다. 인지도 있는 건축가는 이런 집에 별로 관심도 없을 것 같고, 비용도 부담이었기 때문이다. 그러나 과정이 진행되고, 민원을 경험하면서 이렇게 다양한 문제들이 얽힌 프로젝트일수록 전문가가 필요하다는 걸 뼈저리게 느꼈다. 처음 만난 업체는 기본적인 법 해석도 제대로 못 해 진도를 나가기는커녕 시간과 비용만 축냈고, 동시에 압박해 오는 주변 상황은 변호사까지 선임할 수밖에 없도록 종용했다.

이 험난한 여정을 부부와 함께 끝까지 버텨준 이들은 재귀당 건축사사무소의 박현근 소장과 아르케디자인빌드의 김윤탁 소장. 행정적인 문제로 인한 열 번 넘는 설계 변경도 묵묵히 수행했고, 이웃집의 민원과 차량 접근이 안 되는 열악한 환경에서 뚝심 있게 현장을 지켰다. 건축주는 이들이 아니었다면 아마 완공이 불가능했을 거라며 이 집은 '의리로, 신뢰로 지은 집'이라고 자신 있게 말한다.

> "내가 원하는 삶을 살기란 정말 어렵잖아요. 이제 알았어요. 나만의 공간이 생기니까
> 마음에도 공간이, 여유가 생기는구나."

이 집의 대문 옆 벽에는 'D-House'라는 이름의 작은 문패가 붙어 있다. 다이아몬드처럼 빛나길 바라는 마음에 건축가가 지어준 이름이다. 처음에는 '뒹굴뒹굴'의 앞글자로 집에서 쉬는 모습을 상상하며 그 이름을 받아들였는데, 집짓기로 인생을 새로 배운 지금은 '단단한' 집, 진짜 다이아몬드 하우스가 된 것 같다.

1 - 개축한 집은 오래된 동네 골목에 새로운 얼굴로 자리 잡았다.

2 - 가벽으로 데크 마당과 구분한 주택의 현관부.

3 - 거실에서 현관을 향해 바라본 모습.

4 — 화이트 톤과 목재를 적절히 섞어 전체적으로 넓어 보이면서도 따뜻한 분위기를 연출한 1층 공간. 앞뒤로 큰 창을 두어 시각적으로 개방감이 느껴지게 했고, 양쪽 길이 방향으로 실을 몰아 동선의 자유도를 높였다.

5 — 콤팩트하게 구성한 화장실.

6 — 오픈형 계단 아래 평상 겸 벤치는 걸터앉기 좋은 높이로 기대어 앉아 책을 보거나 주방 가전과 소품을 두기 좋도록 디자인했다.

7 — 주방과 아일랜드, 다용도실을 평행으로 배치하고, 다용도실에 3연동 슬라이딩 도어를 달았다. 세탁기 도어와 수납장 문을 모두 열기 위해서는 슬라이딩 도어도 양쪽 방향으로 각각 몰 수 있도록 레일을 조정해야 했다.

8 - 다락으로 향하는 계단. 한쪽에 파란색 그물 해먹이 보인다.

9 - 집에는 작은 면적에 실망한 아이의 마음을 달래기 위해 다양한 요소가 적용되었다. 그물 해먹 역시 그중 하나.

HOUSE PLAN

대지면적 48.90m²(14.79평) | **건물규모** 지상 2층 | **건축면적** 25.35m²(7.67평) | **연면적** 49.95m²(15.11평) | **건폐율** 51.84% | **용적률** 102.15% | **최고높이** 6.5m | **구조** 기초 - 철근콘크리트 매트기초 / 지상 - 경량목구조 | **단열재** 가등급 그라스울 단열재 | **외부마감재** 외벽 - THK12 벽돌타일(화이트 계열) / 지붕 - THK0.5 컬러강판 | **창호재** THK70 알파칸 PVC 시스템창호, THK43 삼중유리 아르곤충진(한국유리) | **에너지원** LPG | **시공** 아르케디자인빌드 김윤탁 | **설계** 재귀당건축사사무소 박현근 070-4278-6045 www.jaeguidang.com | **총공사비** 1억8,560만원(철거 및 설계비, 변호사 및 기타 자문비 제외. 2018년 기준)

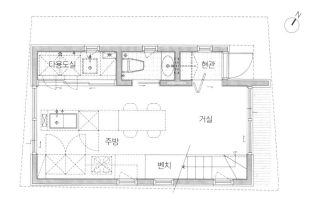

PLAN 1F

PLAN 2F

SECTION

INTERIOR

내부마감재 벽 – 서울벽지 / 바닥 – 구정마루 | **욕실 및 주방 타일** 경민상사, 윤현상재 | **수전 등 욕실기기**
아메리칸스탠다드, 그로헤 | **주방 가구** 한샘 꼬시나 – HS스톤 | **조명** 이케아, 루이스폴센 | **계단재·난간** 고
무나무, 스틸 환봉 난간 | **현관문** 캡스톤 | **중문** 엣지게이트 중 | **방문** 영림도어 | **붙박이장** 한샘 꼬시나 |
데크재 미송 방부목

10 – 경사를 이용한 선반, 책상과 침대 헤드 부분의 박공 모양 가구 등
재미있는 아이디어가 가득한 아이 방.

11 – 아이 방 드레스룸. 화이트 톤과 목재를 적절히 섞어 전체적으로 넓어
보이면서도 따뜻한 분위기를 연출했다.

"악성 민원에 대처하는 현실적인 방법"

집을 지으면서 민원이나 행정 처리로 인해 스트레스가 많다면 변호사를
고용하는 것도 방법입니다. 막무가내 민원을 처리해야 하는 과정에서 타협이
불가능한 경우, 일부 공무원이나 변호사들은 일을 크게 만들지 않는 방향을
권고하곤 합니다. 저희는 변호사협회 홈페이지 건축 분야에서 찾아, 관련
칼럼이나 평을 검색한 후 저희 얘기를 잘 들어주시는 분을 만났습니다. 모든
대화와 요구가 공식화되고 기록되어 추후 문제를 예방할 수 있고, 월 일정
금액을 지급하면 법률 상담을 계속 맡아 주는 방식도 있어 목돈 지출을
줄이면서 골치 아픈 일은 분담할 수 있었습니다.

12 - 부부가 쉬거나 공부할 때 사용하는 아늑한 다락.

살기 좋게
거듭난
다가구주택
House RS

08.

90년대 지어진 붉은 벽돌의
다가구주택이 단장을 마쳤다.
불편했던 기존 모습을 버리고 살기
좋은 집으로 변신한 과정 엿보기.

+ **WHERE**	서울시 성북구
+ **WHO**	부부
+ **HOUSE INFO**	1994년 중반에 완공된 2층 벽돌조 다가구주택
+ **HOW**	증개축(1개층 수직 증축)

오프라인 집들이

리모델링을 통해 깔끔하게 정돈된 주택. 화이트 컬러의 외벽이 주변 건물과의 어색함 없이 조화를 이룬다. 1층 외벽에는 기존 건물의 벽돌 마감재를 드러내 과거와 현재의 모습을 서로 융화시켰다. 내부만 개조한 2층과 새로 증축된 3층은 시공상 입면의 단차가 생겼다.

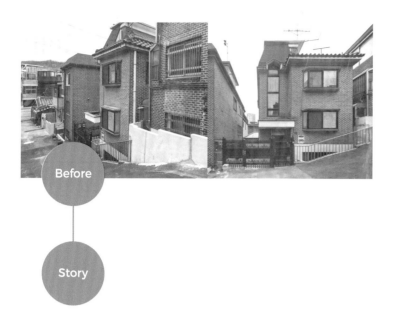

Before

Story

이제 막 60대가 된 부부는 30여 년을 아파트에서 생활하며 많은 베이비붐 세대들이 꿈꿔왔던 것처럼 은퇴 후 언젠가는 주택에서 살기를 희망했다고. 그러나 여의치 않은 사정으로 단독주택을 새로 짓는 대신 기존 다가구주택을 '살기에 좋은' 환경으로 바꾸기로 했다. 기존 다가구주택은 1994년 중반에 완공된 지하 1층, 지상 2층의 벽돌 구조 건물이었다. 부부는 이 건물을 매입하여 지하 1층과 지상 1층을 임대주고, 2층에 자신들이 거주할 것을 계획하고 있었다.

1970~80년대의 셋방문화의 연장선에 있는 다세대·다가구 주택은 처음부터 정책적으로 설계된 주택제도가 아니었기 때문에 부실공사뿐만 아니라 주택 공간으로서의 질도 매우 낮았다. 무엇보다 '막 지어진' 다세대·다가구 주택의 부실공사와 주거로서의 공간적 질을 보강하는 것이 중요했다. 우선 임대한 2가구와 함께 사용하는 계단실의 음산하고 차가운 기운부터 해결했다. 철제 난간을 철거하고 그 자리에 벽을 세워 4개 층 높이로 뚫려 있는 실을 만들었다. 또한, 부부가 살게 될 2층의 44.60m²(약 13.5평)의 면적은 부족함이 있다는 판단으로 옥상 증축을 결정하였다. 다행히 설계 당시 도로사선제한 법규 폐지로 충분한 공간을 얻을 수 있었다. 2층은 침실과 부속시설 등을 위한 공간으로, 증축한 3층은 거실과 주방, 테라스 등 주로 낮의 공간으로 계획했다.

좁은 공간의 효율적인 활용과 건축주의 폐소공포증에 부담되지 않도록 2층은 모든 문을 미닫이로 시공해 침실, 책방, 복도(욕실)가 하나의 공간으로 인식되게끔 했다. 3층은 주방과 거실의 경계를 없애며 높은 천장고와 목구조를 노출해 좁은 공간의 한계를 극복했다. 동시에 옥상 마당, 계단실의 서재 등 작은 공간들을 곳곳에 배치해 단독주택만이 가질 수 있는 요소도 잊지 않았다.

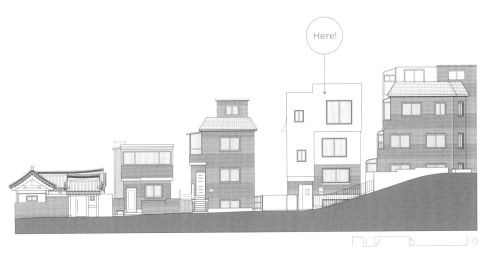

ELEVATION

1 – 단층집 너머 보이는 하얀색 다가구주택.

2 – 도로에서 바라본 주택. 지하 1층과 지상 1층은 임대 세대가, 2, 3층은 건축주가 거주한다.

대지면적 83.20m²(25.16평) | **건물규모** 지하 1층, 지상 3층 | **건축면적** 48.22m²(14.59평) | **연면적** 179.92m²(54.43평) | **건폐율** 57.96% | **용적률** 160.86% | **주차대수** 1대 | **최고높이** 9.89m | **구조** 기존 – 연와조 / 증축 – 경량목구조(벽 : 2×6 구조목, 지붕 : 2×10 구조목) | **단열재** 기존 – 비드법단열재 1종1호 50mm / 증축 – 비드법단열재 1종1호 200mm | **외부마감재** 벽 – 미장 + 페인트 / 지붕 – 아스 팔트싱글 | **창호재** 72mm PVC 이중창호 2겹 | **에너지원** 도시가스 | **설계·감리** 수파 슈바이처 송(SUPA Schweitzer Song) 02-929-6650 www.suparc.net | **총공사비** 1억원(2017년 기준) | **사진** 신경섭

3 - 채광 좋은 2층 거실 전경.

4 - 개축 전의 외벽과 지붕이 내부 벽체로 활용되었다. 기존 출입문은 붙박이 선반으로, 좌측에 위치한 지붕 경사는 다락으로 변신했다.

5 - 공간 활용을 위해 미닫이문을 설치했다.

6 – 과거 삼각형 외부창 형태를 살려 내부 디자인에 응용해주었다.

7 – 옥상 마당과 연결된 계단실.

8 – 햇살을 가득 머금은 주방.

9 – 외벽과 동일하게 캔버스처럼 하얀 바탕 위에 나무 마감재로 내추럴한 느낌을 살렸다.

INTERIOR

내부마감재 벽 – 제비표페인트 / 바닥 – 동화자연마루 강마루 | **욕실 및 주방 타일** 현우세라믹 국산타일 | **현관 타일·옥상마당 바닥재** 현우세라믹 수입타일 | **수전 등 욕실기기** 대림바스 | **주방 가구** 한샘 | **조명** 건축주 제작 | **계단재** 미송원목 | **현관문** 철제문 주문 제작 | **방문** 목재 미닫이문 주문 제작

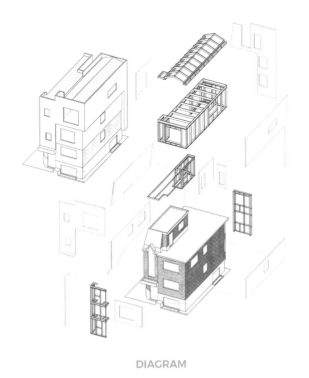

DIAGRAM

8

9

10

11

PLAN 2F

PLAN 3F

PLAN B1F

PLAN 1F

계단실
가구 1
가구 2
가구 3
기존 구조체
증축 구조체

10 - 작지만 유용한 옥상마당.

11 - 다락방의 하부 계단실은 자연 채광을 위해 보이드로 계획했다.

12 - 곳곳의 큰 창은 바깥 조망을 시원하게 안으로 끌어들인다. 서울에서는 보기 힘든
전망을 갖고 있는 장점을 적극 활용해 창의 위치를 선정했다.

13 - 다양한 건물로 가득찬 도심 속의 House RS.

빵 냄새
솔솔 풍기는
박공지붕 집
Brick House

09.

한옥과 양옥이 공존하는 동네.
그 이국적인 정취에 마음을 빼앗겨
골목을 걷다 갓 구운 빵 냄새가
솔솔 나는 빨간 벽돌집을 만났다.

+ **WHERE**	광주광역시 남구
+ **WHO**	부부 & 아들
+ **HOUSE INFO**	60년 넘은 2층 주택
+ **HOW**	증축, 대수선, 용도 변경

건너편에서 바라본 주택 전경. 각각 다른 용도의 공간이지만
하나의 그림 속 건물로 보일 수 있도록 설계의 주안점을 두었다.
20세기 초 선교사들이 터를 잡고 살던 이곳, 버드나무로 덮여
있어 '양림(楊林)'이라 불리는 작은 동네는 근대 건축물이 아직
곳곳에 남아 그 시절 이야기를 전한다.

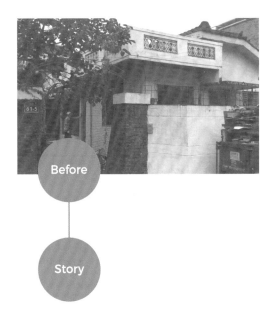

Before

Story

시간이 멈춘 듯 놓인 과거의 유산 속을 걷다 다다른 어느 골목길, '양림빵집'이라는 작은 간판이
달린 빨간 벽돌집에는 매일 빵을 만드는 부부와 어린 아들이 산다.
우연히 마음을 뺏긴 이곳에 둥지를 틀기로 한 부부는 60년이 훌쩍 넘은 어느 한 선교사의
주택을 구입했다. 이미 낡을 대로 낡아버린 건물에 새 생명을 불어넣기 위해 증축과 대수선,
용도 변경까지 손봐야 할 곳은 한둘이 아니었다. 부부는 빵집이라는 상업공간이 있더라도
프라이버시가 유지되는 집, 그리고 하나뿐인 아이의 놀이공간을 마련해주고 싶었다.
풀어야 할 숙제는 세 가지. 20세기 초 광주의 모습이 남아 있는 양림동에 어울리는 건물을 만들
것, 그리고 서로의 공간이 간섭받지 않으면서 상업공간과 주거공간이 하나가 될 수 있도록 할
것, 마지막으로 햇빛이 잘 들고 집 안으로 바람이 깃들어 따뜻한 공간으로 거듭나게 할 것.
다양한 작업이 이루어져야 하다 보니 예기치 않은 변수가 생기면 생각 속 밑그림을 지우고 다시
그리거나 아예 새로운 아이디어를 꺼내야 할 때도 있었다. 건축주와 건축가, 시공사가 밤을 새워
고민하고 대화한 끝에 탄생한 주택은 동네 속에 고스란히 녹아든다.
주택은 크게 두 영역으로 나뉜다. 박공지붕의 공간은 부부가 가장 많은 시간을 보내는 곳.
높은 천장고 덕분에 작지만 시원한 공간감 또한 함께 느껴진다. 상업공간의 동선과 겹치지
않도록 골목 안쪽에는 별도의 출입구를 배치하고, 답답할 수 있던 현관은 유리도어로 시공하여
개방감을 주었다. 집 안으로 들어서면 환한 거실이 한눈에 들어오는데, 기존 건물 천장의
목조트러스를 그대로 복원해 세월을 간직할 수 있도록 했다.
옛 주택에 상업공간까지 놓이다 보니 주거 면적이 좁아질 수밖에 없었다. 따라서 2층은 증축을
통해 아이 방과 부부침실, 욕실 등 개인적인 공간을 적재적소에 배치해 주었다.
특히 침실 창을 통해 밖을 가만히 내려다보고 있으면 이곳에 오길 잘 했다는 안도감에 미소 짓게
된다고.

1 – 리모델링을 통해 다시 태어난 빨간 벽돌집. 징크와 벽돌 마감재의 조화가 멋스럽다.

2 – 가족만의 작은 정원. 주거 공간의 현관은 골목 안 별도로 마련했다.

HOUSE PLAN

대지면적 210㎡(63.52평) | **건물규모** 지상 2층 | **건축면적** 112.30㎡(33.97평) | **연면적** 154.74㎡(46.81평) | **건폐율** 53.48% | **용적률** 69.40% | **주차대수** 1대 | **최고높이** 5.9m | **구조** 기초 - 철근콘크리트 매트기초 / 벽 - 철골철근콘크리트 + 기존 건축물 조적조 / 지붕 - 콘크리트 + 구조목 | **단열재** 비드법보온판 2종3호, 스터코플렉스 | **외부마감재** 벽 - 레드벽돌 + 발수코팅 / 지붕 - 징크 | **창호재** LG하우시스 창호 + 로이유리 | **설계** 필건축사무소 | **시공** 디자인오 1833-8813 www.design5.kr

3 - 거실 모습. 기존 건물에 있던 목재트러스를 그대로 복원해 지난 세월을 간직할 수 있게 했다.

4 - 매장은 목재트러스와 방킬라이 목재를 더해 동네 빵집의 정겨운 분위기를 살렸다.

5 - 주방은 항상 정원을 마주할 수 있는 곳에 배치하여, 외부의 자연을 내부에서도 즐긴다.

6 - 평소에는 벽처럼 보이지만 슬라이딩 도어를 열면 2층으로 올라가는 계단실이 숨겨져 있다.

7 – 거실 옆에 마련한 아이의 놀이방.

8 – 2층에서 바라본 계단실.

9 – 복도를 사이에 두고 아이 방과 부부침실이 위치한다.

10 – 부부침실. 침대 뒤 목재 아트월은 레일을 부착해 자유자재로 빛을 가릴 수 있는 커튼 역할을 대신한다.

PLAN 1F

PLAN 2F

내부마감재 벽 - 무늬목 마감재 + 우레탄 도장, LG하우시스 벽지 / 바닥 - 14mm 원목 수입 강마루 + 수입타일 | **욕실 및 주방 타일** 윤현상재 수입타일 | **수전 등 욕실기기** 아메리칸스탠 다드 | **조명** COB 27W, LED 8W | **계단재** 크리마벨로 | **현관문** 고급형 컬러강판 도어 | **방문** 무늬목 + 우레탄 도장 도어 | **붙박이장** 거창석

건축가
네 사람의
생활밀착형 공간
On Life

10.

마음 맞는 사람끼리 뭉쳤기에 더욱
자유로운 분위기의 일터와 집.
네 건축가가 의기투합해 증축
리모델링한 주택이다.

+ **WHERE**	서울시 양천구
+ **WHO**	4명의 건축가
+ **HOUSE INFO**	30년 넘은 2층 단독주택
+ **HOW**	다락 있는 3층 건물로 증축

좁은 골목길, 30년이 넘은
2층 건물을 증축해 완성한 네
건축가의 업무 공간이자 주거
공간이다. 3층과 다락은 증축한
부분으로, 대지가 좁았기 때문에
수직적으로 공간을 풀어나갔다.
이곳이 완성된 이후 동네가
환해졌다는 후문.

Before

Story

홍성준, 노준영, 정인섭, 강홍구 씨는 각각 설계사무소에서 5~7년 근무하다 '생활건축'이란
간판을 달고 한 지붕 아래 지내고 있다. 거실, 주방, 화장실 등을 공유하는 쉐어하우스
개념이지만, 그들에겐 엄연한 '우리 집'이 생겼다.

그저 마음 맞는 사람끼리 작은 작업실 하나 마련하자고 했던 말이 모든 일의 발단이 될 줄이야.
과정은 네 사람의 의욕만큼 쉽지 않았다. 오피스텔이나 원룸을 얻고, 작업 없는 날에는 여행객을
받아 월세를 충당한다면 밑질 게 없다는 생각에 일단 집을 찾아 나섰다. 이태원, 용산, 공덕 등
여러 곳을 다녔으나 조건에 딱 맞는 곳을 찾기는 힘들었고, 월세에서 전세로 작전을 바꿨다.
그런데 하필 그때부터 전세금이 기세등등 오르기 시작했다고. 덕분에 '차라리 다 같이 돈 모아
집을 사자'는 결론에 이르렀다.

후보지 여러 곳을 돌아다녔으나 역시나 마땅한 집을 찾지 못하고 이곳 목동까지 오게 되었다.
긴 시간 돌고 돌아 마주한 19평의 작은 땅, 증축하기 좋은 평지붕 이층집. 처음 1년은 무작정 이
집에 들어와 살았다. 그렇게 해야 집의 문제점을 알 수 있을 것 같아서다. 그 판단은 정확했다.
살아 보니 보이지 않았던 하자가 하나둘 드러나기 시작한 것이다.

　　"정말 추웠어요. 나중에 철거하면서 보니까 단열은 종잇장 같은 스티로폼이 다였죠."

크지 않은 대지면적에 네 명이 함께 살 집을 만들어야 했으니, 30평 아파트 구조를 3개 층으로
쌓아올린 형태는 최선책이었다. 1층은 용도에 대한 고민이 컸지만 주차장을 두는 대신 추후
임대를 생각해 근린생활시설로 허가받았고, 사무실로 쓰기로 했다. 계단 하부와 2층의 높은
층고로 생긴 빈 공간을 수납으로 활용해 효율성을 한층 더 끌어올렸다.

네 사람이 힘을 모아 쌓은, 더군다나 함께 일하고 더불어 사는 첫 집이기에 더욱 가치 있고
의미가 깊다. 언젠가 각자의 길을 가며 이곳은 또 다른 공간으로 변하겠지만, 지금만큼은 모두가
또렷이 기억하고 싶은 순간임이 분명하다.

1 - 1층에 마련된 업무공간. 바닥에 벽돌이 깔린 것은 추후 주차장으로도 사용할 수 있게 하기 위함이다.
우측 계단을 통해 오르면 네 사람이 머무는 주거공간으로 연결된다.

2 - 2층 거실. 높은 층고 덕분에 위쪽으로 수납공간이 마련되었다.

3 - 딱 필요한 시설만 두어 깔끔하게 마감한 주방.

대지면적 63.2m²(19.11평) | **건물규모** 지하 1층, 지상 3층 + 다락 | **건축면적** 41.12m²(12.43평) | **연면적** 126.02m²(38.12평) | **건폐율** 65.06% | **용적률** 181.2% | **최고높이** 11.40m | **구조** 기초 - 철근콘크리트 매트기초, 기존 연와조 줄기초 / 지상 - 철골조 | **단열재** 기존 벽(내단열) - 열반사단열재 10mm + 압출법보온판 100mm / 신설 벽(외단열) - 비드법단열재 2종 난연(샌드위치패널) 150mm + 비드법단열재 2종 난연 70mm / 지붕 - 수성연질폼 100mm 발포 + 비드법단열재(샌드위치패널) 200mm | **외부마감재** 벽 - 외단열시스템 위 스터코플렉스 / 지붕 - 컬러강판 | **창호재** 1층 근린생활시설 - 윈센 70mm 알루미늄 도어, 복층유리 / 2층 단독주택 - 이건창호 250mm PVC 이중창, 복층유리, 이건창호 70mm PVC 틸트 및 픽스창, 삼복층유리 | **설계** 생활건축 건축사사무소 02-2061-5400 www.shgc.co.kr + VOA 건축사사무소 | **시공** 생활건축 디자인 | **총공사비** 2억7천만원(설계·감리·가구비 포함, 2016년 기준)

4,5 - 두 명이 머물러도 좁지 않은 3층 침실. 맞은편 창가에는 수납장이 숨어 있다.
6 - 3층으로 올라가는 계단 쪽 모습. TV선 등을 숨겨 정돈된 분위기를 연출했다.

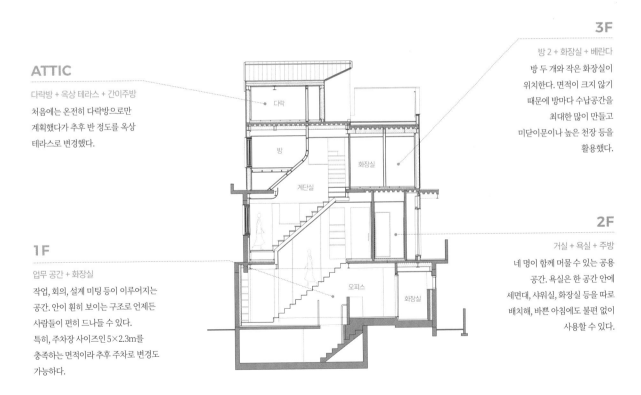

ATTIC

다락방 + 옥상 테라스 + 간이주방

처음에는 온전히 다락방으로만 계획했다가 추후 반 정도를 옥상 테라스로 변경했다.

1F

업무 공간 + 화장실

작업, 회의, 설계 미팅 등이 이루어지는 공간. 안이 훤히 보이는 구조로 언제든 사람들이 편히 드나들 수 있다. 특히, 주차장 사이즈인 5×2.3m를 충족하는 면적이라 추후 주차로 변경도 가능하다.

3F

방 2 + 화장실 + 베란다

방 두 개와 작은 화장실이 위치한다. 면적이 크지 않기 때문에 방마다 수납공간을 최대한 많이 만들고 미닫이문이나 높은 천장 등을 활용했다.

2F

거실 + 욕실 + 주방

네 명이 함께 머물 수 있는 공용 공간. 욕실은 한 공간 안에 세면대, 샤워실, 화장실 등을 따로 배치해, 바쁜 아침에도 불편 없이 사용할 수 있다.

다락
방
화장실
계단실
오피스
화장실

PLAN 1F

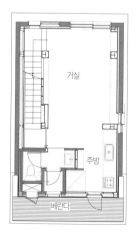

PLAN 2F

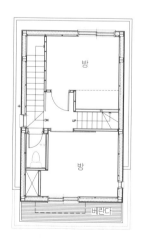

PLAN 3F

PLAN ATTIC

7 - 미닫이문으로 공간을 구획한 3층 침실 쪽 모습. 그 옆으로 작은 화장실이 보인다.

8 - 옥상 테라스와 같은 동선상에 보조 주방을 두었다. 덕분에 야외에서 친구들과 음식을 먹으며 담소를 나누기 좋은 장소가 되었다.

9 - 천창을 통해 내려오는 빛이 아늑함을 더해주는 다락.

INTERIOR

내부마감재 벽 - 삼화페인트 / 바닥 - 1층 : 원목마루, 전벽돌, 2층 : 한솔강마루, 3층 : 이건 원목마루 | **욕실 및 주방 타일** 신우도기타일 모자이크타일 | **수전 등 욕실기기** 아메리칸스 탠다드, 이케아 | **주방 가구** 예인싱크 | **조명** 이케아, 대림전기조명 | **계단재** 철판 위 도장, 오크집성재 38mm, 애쉬집성재 38mm | **현관문** GS윈도어 폴딩도어 | **방문** 우딘 멤브레인 (일반), ABS(화장실), 자체 제작 폴리카보네이트 도어 | **아트월** 자작나무합판 위 무광바니 시 | **붙박이장** YK디자인 및 자체 제작 | **데크재** 방부목 위 던에드워드 스테인

9

"노후주택 증축, 이것 몇 가지는 꼭 챙기세요"

첫째, 수직증축 시에는 구조 보강이 필수입니다. 법적 기준으로 3층 이상의 건물에는
내진설계를 적용하도록 되어 있어요. 둘째, 다락은 건축법적으로 면적에 산입되지
않으면서도, 유용하게 사용할 수 있는 공간입니다. 경사지붕의 경우 가중평균 높이
1.8m, 평지붕의 경우 1.5m까지 허용됩니다. 다만 다락이라고 해서 공사비가 적게
드는 것은 아니니 비용과 공간의 효율성을 고민해 선택하세요.
마지막으로, 증축의 경우 추가 면적 50~150m²당 주차대수 1대를 확보해야 합니다.
좁은 땅에 지은 대부분 건물이 1층을 필로티로 띄워 주차장을 만들게 된 것도
이 때문이죠. 이 집은 주차장을 넣지 않아도 되는 최소한의 면적만 증축했습니다.
주차장 설치 대신 비용을 지불하더라도 공영주차장으로 대체할 수 있게 하는 법이
제정된다면, 필로티로 가득 찬 동네 풍경이 좀 더 보행자 친화적이고 활기차게 변할
수 있지 않을까 하는 생각도 드네요.

10 – 이 집의 주인이자 건축가인 노준영, 홍성준, 강홍구, 정인섭 씨(왼쪽부터).

REMODELING PROCESS

1 - 새로운 공간을 만들기 위해 마감재와 구조의 일부가 철거되었다. 구조보강 공사를 시작하기 위한 철거 작업을 완료했다.

2 - 철거하고 나니 기존 벽돌조를 지지하는 줄기초밖에 없었던 상황. 철골기둥을 받쳐줄 온통기초를 형성해주었다.

3 - 내진설계 기준에 따른 구조계산값에 따라 제작된 철골이 반입되었다. 구조보강을 위한 철골을 세우고 기둥과 보를 조립했다.

4 - 증축되는 부분의 바닥판을 만들어주었다.

5 - 건식이고 시공성이 좋으며 단열성능이 있는 샌드위치 패널로 외벽을 만들었다.

6 - 기존 건물은 외장 비용을 줄이고 목공 작업과 동시에 진행하여 시공성을 높이기 위해, 내단열로 처리했다.

7 - 증축 부분에는 외단열시스템 및 스터코를 적용하여 기준 이상의 단열성능을 확보하고, 열교를 방지했다.

8 - 바닥난방을 설치하고 마감할 수 있도록 바닥을 평평하게 다졌다.

9 - 목공사로 벽과 천장면을 만들었다. 도장과 바닥공사, 그리고 조명, 가구공사를 끝으로 마무리했다.

서울 도심
골목길,
잘 고친 옛집
COZY HOUSE

11.

골목길 끝자락에 자리한 단층집이 새
주인을 맞이했다. 담장 너머 보이는
아기자기한 화단과 작은 별채까지
덤으로 얻은 집이다.

+ **WHERE**	서울시 성북구
+ **WHO**	부부
+ **HOUSE INFO**	30년 이상 된 단층 벽돌집
+ **HOW**	공사 2개월, 내·외부 전체 개조

현관 좌측으로 지하로 내려가는
계단실이 위치한다. 이 집을 선택할
때 마음에 들었던 부분 중 하나인
지하실은 남편을 위한 공간으로
꾸미고, 외부 별채는 꽃꽂이가 취미인
아내의 작업실로 계획했다.

Before

Story

오래된 집들이 오밀조밀 모여 앉은 좁은 골목, 길을 따라 걷다 보면 누구나 가던 발걸음을
멈추고 한 번쯤 돌아보게 되는 집. 대단지 아파트에 거주했던 민영주, 박소영 씨 부부는 밀집된
상권과 편리한 교통을 포기할 정도로 건물에 갇혀 사는 듯한 갑갑함을 견딜 수가 없었다.

"아파트를 떠나기로 결심은 했는데, 어디로 가야 할지 고민이더라고요. 그러다 아내가 나고
자란 동네에서 우연히 이 집을 발견했고, 바로 여기다 싶었어요."

모든 것이 마음에 들었지만, 지어진 지 30년 이상 된 데다 장기간 비어 있던 상태. 그대로
들어와서 살기엔 무리가 있었다. 외벽이 담장 역할을 하는 오래된 건물이 대문 양쪽에 자리했고,
문을 열고 들어가야 집이 제대로 보였다. 3채의 건물과 4개의 현관문은 좁은 대지를 빈틈없이 꽉
채워 4가구가 살았음을 짐작하게 했다. 심지어 본채는 옆집 땅을 침범한 상태였다.
리모델링으로 방향을 정했지만, 대다수 업체에서 난색을 표했다. 고군분투하던 부부는 어렵게
만난 업체와의 첫 미팅에서 손수 그린 도면과 열심히 공부해 작성한 공종별 요구사항을
건넸다. 그다음, 대화를 통해 공간을 재구성하며 일사천리로 일이 진행됐다. 건물 3동 중 맨
앞에 자리했던 건물을 철거하고 작고 한갓진 정원을 만들었다. 정원의 아늑함은 내부에도
그대로 들여놓았다. 현관을 들어서자마자 보이는 거실과 주방은 공용 공간인 만큼 개방형으로
디자인하고, 옛집의 천장을 최대한 올리고 보강하여 한층 넓어 보이도록 했다. 대신 서재와 침실,
드레스룸 등은 안쪽으로 배치해 사적인 영역을 충분히 보장해주었다. 또한, 지하실은 남편을
위한 공간으로 꾸미고, 별채는 꽃꽂이가 취미인 아내의 작업실로 계획했다.

"바깥채가 있던 자리에 잔디를 깔았는데, 아파트에선 상상할 수 없었던 마당이 생겨 너무
좋아요. 종종 커피 한 잔 들고 데크에 앉아 하늘을 맘껏 올려다보곤 하죠."

예전과 달리 '집'이라는 곳이 너무 좋아졌다고 말하는 두 사람. 무엇보다 중요한 건 마음의
여유가 생겼다는 것이 아닐까 싶다.

1 – 마당 데크에 앉아 이야기를 나누는 부부.

2 – 거주 공간인 본채와 작업실이 있는 별채(왼쪽)가 아담한 마당을 감싸 안는다.

HOUSE PLAN

대지면적 172㎡(52.03평) | **건물규모** 지하 1층, 지상 1층 | **건축면적** 104㎡(31.46평) | **연면적** 118㎡(35.69평) | **건폐율** 60% | **용적률** 70% | **최고높이** 3.3m | **구조** 기초 - 철근콘크리트 매트기초 / 벽 - 벽돌구조 + H빔 철골 구조 보강 / 지붕 - 구조목 | **단열재** 비드법단열재 100mm, 우레탄폼 100mm | **외부마감재** 벽 - 기존 적벽돌 + 징크 마감(정면) / 지붕 - 방수 합판 + 시트 방수 + 시멘트기와 | **담장** 큐블록 | **금속 대문** - 주문 제작 | **창호재** 더존창호 | **설계·시공** 님프디자인 02-3673-1946 http://blog.naver.com/nimfedesign | **총공사비** 1억3,000만 원(2017년 기준)

3 - 아일랜드형 주방 가구로 깔끔하게 정돈한 주방. 우측에는 별도의 다용도실이 있다.

4 - 거실 한쪽 벽면에는 좋은 풍경을 매일 바라볼 수 있는 가로창을 두었다.

5 - 침실은 본연의 목적인 휴식에 집중할 수 있도록 의도했다.

INTERIOR

내부마감재 벽 - did 벽지 + 줄무늬 합판 / 바닥 - 강마루 | **수전 등 욕실기기** 아메리칸스탠다드, 대림, 계림 | **주방가구** 제작가구(화이트&블랙 하이글로시 / 그레이 코리안) | **방문** 줄무늬 합판 도어, 그레이 시트 도어 | **데크재** 방부목 오일스테인

PLAN BEFORE   AFTER

6 – 안방과 연결된 드레스룸. 좁은 코너 공간을 활용해 알차게 채웠다.

7 – 부부 욕실은 욕조와 별개로 샤워부스를 두어 사용의 편의를 고려했다.

8 – 서재에서 바라본 침실. 하나의 동선으로 이어지도록 서재와 침실 사이에
작은 가족실을 배치해 이동이 편리하다.

9 – 꽃꽂이가 취미인 아내를 위한 작업 공간. `

"요구사항을 정리해두고 예산도 미리 정해두는 게 중요해요"

건축가나 디자이너와 소통하기 전에 요구사항과 구체적인 예산을 정리해두면
비용과 시간 면에서 모두 경제적일 수 있습니다. 가족에게 한층 더 적합한
공간을 만들어 성공적으로 프로젝트를 마무리할 수 있을 것이고요.
공간은 만들고 덧붙인다고 해서 그곳을 많이 사용하고 넓게 사용하는 것이
아닙니다. 닫힌 곳이 있으면 열린 곳도 있어야 합니다. 먼저 공간을 비우고
최소의 문, 그리고 구획을 만드는 최소의 벽으로 각 실을 분리한다면 좁지
않게 활용할 수 있을 뿐 아니라 돈을 절약하는 방법이 됩니다.

30년 넘은
단독주택
고치기 대작전
the Shim House

12.

서울 주택가 골목의 낮은 주택에 전에 없던 활기가 넘친다. 새 주인을 만나 탈바꿈한, 이국적인 분위기 물씬 풍기는 공간이다.

+ **WHERE**	서울시 은평구
+ **WHO**	부부 & 아들, 딸
+ **HOUSE INFO**	30년 된 2층 벽돌집
+ **HOW**	3개월 내·외부 리모델링 공사

화창한 가을날, 마당에서 여유로운 시간을 보내는
가족. 단층집이 있는 대지를 매입했고 부동산에서
곧 재개발이 해제될 거라고 했지만, 아직 증축이나
신축은 불가능했다. 때를 기다려볼 수도 있었으나
욕심부리지 않기로 한 부부는 기존의 뼈대를 그대로
살려 고치기로 한다.

Before

After

Story

명절을 맞아 고향에 내려갔을 때였다. '엄마, 여기서는 뛰어도 돼?'하고 묻던 큰아들 경엽이의
말에, 여현진·장수범 씨 부부는 서울 안에서라도 아이들이 자연을 느끼며 뛰놀 수 있는
곳을 찾기로 했다. 서울, 인천, 양평, 청평 등을 샅샅이 뒤지며 1년간 '부동산 투어'를 했지만,
터무니없이 비싼 집값에 힘없이 돌아설 때가 허다했다. 그러던 어느 날, 인터넷에서 마음에 드는
집 사진을 발견했고, 은평구라는 것을 단서로 로드뷰로 골목을 뒤져 직접 동네를 찾았다.

　　"지하철역에서부터 골목과 동네 풍경을 감상하며 걸어 올라가니 10~15분 정도 걸렸어요.
　　재개발 지역으로 묶여 있어 옛 주택가 모습 그대로였죠."

동네에서 가장 허름한 부동산을 찾았고, 연세 지긋한 노부부가 낡은 수첩을 한참 뒤적이더니
오르막을 힘겹게 올라 세 군데의 집을 소개해주었다. 그렇게 이 집을 만났다.

목표는 노후화된 주택의 구조를 보강하고 단열을 강화해 살기 좋은 집을 만드는 것. 주거
활용성이 떨어지는 지하 1층은 기본적인 공사만 하고 창고로 활용하기로 했다. 주택 1층은
크지 않은 면적에 방을 4개나 둔, 불편한 구조와 동선으로 이루어져 있었다. 아직 어린 남매를
위해 집에서도 일할 수 있도록 주거공간과 업무공간 및 공용공간을 함께 구성하기로 했다.

다이닝룸과 현관은 외부로 확장하여 면적을 확보하고, 스튜디오 공간의 천장고를 확보하기 위해
바닥을 최대한 낮췄다. 1층 천장에 문을 내어 창고로 사용하던 작은 다락방은 철거 후 복층으로
리모델링했다. 예상보다 천장이 훨씬 높아 충분한 공간을 확보할 수 있었다. 다락은 계단실을
중심으로 양쪽으로 나뉘는데, 각각 침실과 놀이 공간이 자리한다.

6월 시작한 공사는 8월 초 끝이 났다. 매일 새소리, 풀벌레 소리, 스치는 바람 소리가 들려오는
집. 어린 남매와 반려견 여름이가 자유로이 뛰노는 마당에서 달콤한 휴식 같은 일상이 펼쳐진다.
그 모습을 보고 있노라면 피로가 사르르 녹아내린다는 부부는 이 집을 '더쉼하우스'라 부른다.

1 - 환한 햇살이 쏟아지는 거실 겸 다이닝룸.
2 - 주방에는 창을 내어 집안일을 하면서도
언제든 아이들을 지켜볼 수 있도록 했다.

3,4 – 1층 한쪽에 마련한 거실 및 작업
공간. 사진 찍는 일을 하는 현진 씨는
직업상 자연광에 민감한지라 집 안 전체에
빛이 골고루 드는지 눈여겨보았다.

5 – 다락은 계단실을 가운데 두고
양옆으로 공간이 나뉜다.

대지면적 199.54m²(60.46평) | **건물규모** 지하 1층, 지상 1층 + 다락 | **건축면적** 88.91m²(26.94평) | **연면적** 63.39m²(49.51평) | **건폐율** 49.55% | **용적률** 55.32% | **주차대수** 2대 | **최고높이** 6.8m | **구조** 기초 – 철근콘크리트 매트 / 지상 – 철근콘크리트구조 + 조적조 + 경량철골구조 / 지붕 – 경량철골트러스구조 | **단열재** 바닥 – 가등급 2호 50mm / 벽 – 비드법보온판 2종3호 100mm / 지붕 – 수성연질폼 100mm | **외부마감재** 벽 – 드라이비트 / 지붕 – 컬러강판 | **창호재** 미국식스윙창호(삼익산업, 22mm 로이복층유리, 아르곤가스) | **설계·시공** ㈜뉴마이하우스 02-428-4556 www.newmyhouse.com | **주택매입비** 3억1,000만원 | **총공사비** 1억8,000만원(인테리어 비용 포함, 2015년 기준)

5

내부마감재 벽 – LG하우시스 실크테라피 벽지 / 바닥 – 헤링본마루(구정마루), 강마루(한화)
ㅣ **수전 등 욕실기기** 이케아 ㅣ **주방 가구** 이케아 METOD HAGGEBY ㅣ **조명** 이케아, 문고리닷
컴, 서울풍물시장 골동품, 비츠조명, 로하스조명 ㅣ **계단재** 미송집성목합판 ㅣ **현관문** 캡스톤 모
던도어 ㅣ **방문** 천연목도어 제작 ㅣ **데크재** 방부데크재(북유럽레드파인)

8

6,7 - 온 가족이 함께 잠을 자는 침실. 침대 옆 낮은 층고 공간은 수납용도로 활용하고 문 대신 블라인드를 달아 가렸다. 아이들 침대 옆 작은 창문을 열면 테라스로 연결된다.

8 - 또 하나의 놀이공간이 되어주는 테라스.

PLAN 1F

PLAN ATTIC

동네 골목을
밝히는
삼각지붕집
A Peaked Roof

13.

오래된 골목, 조용한 주택가에서
뜻밖의 집을 발견하곤 건축가인
남편은 두 팔을 걷어붙였다.

+ WHERE	서울시 양천구
+ WHO	부부 & 딸 2
+ HOUSE INFO	막다른 골목 연와조 주택
+ HOW	공사 3개월, 내·외부 전체 개조

공사 후 집의 전경. 주변 집들과 어우러질 수
있도록 너무 눈에 띄지 않게 짙은 회색 빛 외부
마감을 선택했다. 환한 집을 원했기에 2층 전면을
커튼월로 계획하고, 아이들 손이 쉽게 닿지 않는
위쪽에만 개폐가 가능한 창을 설치하여 통풍과
환기에도 신경 썼다. 옥탑층 앞의 타공판으로
제작한 난간은 내부 공간을 가려줌과 동시에
전체적으로 건물과 조화를 이룬다.

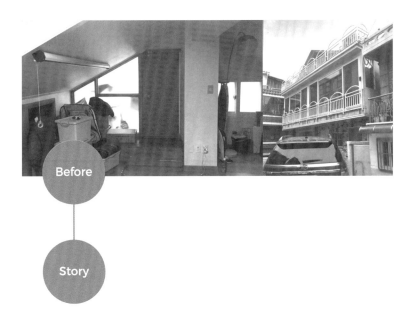

Before

Story

막다른 골목길 끝자락, 환한 불빛이 새어 나온다. 원유민, 유경현 씨 부부와 수빈이, 다영이 두 딸이 오순도순 사는 집이다. 처음 주택행을 결심하고 부부가 가장 먼저 고려한 것은 '동네'였다. 집을 사고 나면 쉽게 이사할 수 없으니 오랫동안 살 수 있는 환경이길 바랐다. 그렇게 찾은 이곳은 걸어서 발길 닿는 곳에 작은 산과 강이 있고, 매년 자발적인 마을 축제가 열리는 아늑한 동네였다. 얼마 후, 살 집 또한 발견했다. 남편 직업이 건축가임에도 신축이 아닌 리모델링을 선택한 건 '예산'이라는 현실적인 이유가 컸다. 대지 구입으로 이미 자금을 상당 부분 지출했기 때문에 남은 예산에 맞춰 어디까지, 어떻게 공사를 진행할지 구체적인 계획이 필요했다. 구조 검토 및 보강과 함께 평면에 맞춰 습식벽과 건식벽을 차례로 만들고, 동시에 설비 및 전기 공사까지 이뤄졌다. 오래된 집이다 보니 낡은 정화조부터 설비, 전기 배관들에서 기능적인 문제점이 다수 발견되었고, 결국 전체 배관을 교체하고 보일러실과 정화조도 새로 만들어야 했다. 단열 또한 처음부터 제대로 시공되어 있지 않았다.

> "리모델링은 외단열을 기밀하게 시공하기 쉽지 않고 비용도 상대적으로 비싸요. 그래서 여긴 먼저 외단열을 한 후 추가로 내단열을 하면서 기밀성을 보완했습니다."

집의 면적이 넓지 않아 수납이나 필요한 가전이 들어갈 자리는 미리 마련해 공간의 효율성을 높이고, 재료와 마감선을 최대한 단순하게 정리하여 시각적인 통일성을 살리며 공사를 마무리했다.

> "지난겨울 눈이 왔을 때 온 가족이 밖으로 나가 집 앞 골목길을 치우며 자연스럽게 눈을 가지고 놀았어요. 귀찮다고 여길 수도 있는 일들이 이제 우리만의 추억이 되었죠."

전에 없던 새로운 이웃이 생겼고, 좋은 이웃 덕분에 네 식구 모두 낯선 동네에 금세 적응할 수 있었다. 오래된 동네에서만 누릴 수 있는 다정한 순간들. 따스한 봄 햇살처럼 주변의 공기마저 훈훈해진다.

1,2 – 처음 만난 집은 전 주인이 이미
전체 리모델링을 한 상태라 지어졌을 당시
모습에서 많이 변형되어 있었다. 이를
다듬어 주차 공간과 야외 활동이 가능한
작은 데크까지 마련했다.

3 - 현관문을 열면 마주하는 공간. 양옆으로 수납장을 두어 공간을 활용했다.

4 - 1층을 임대 세대로, 해가 잘 드는 2층과 옥탑층은 네 식구의 공간으로 꾸몄다. 계단을 오르면 거실과
마주하고, 구로철판으로 제작된 문을 열면 안쪽으로 침실과 욕실, 드레스룸 등 사적인 공간이 펼쳐진다.

5,6 - 공사 후 주방. 주방과 식당은 상부장을 없애고 선반만으로 깔끔하게 구성했다. 주방 옆 폴딩 도어를 열면
평상이 놓인 가족실로 동선이 연결된다.

7 - 가족실 쪽은 난방 설비를 하지 않았기 때문에 겨울을 대비하여 가족실과 거실 사이에 폴딩도어를 설치했다.
폴딩도어는 필요에 따라 문을 여닫음으로써 실을 넓혀 개방감을 높이거나 두 공간을 분리해 사용할 수 있어
여러모로 효율적이다.

HOUSE PLAN

대지면적 134.2㎡(40.59평) | **건물규모** 지상 2층 + 옥탑층 | **건축면적** 71.9㎡(21.74평) | **연면적** 140.2㎡(42.41평) | **건폐율** 53.6% | **용적률** 104.5% | **주차대수** 1대 | **구조** 기초 - 철근콘크리트 줄기초 / 지상 - 연와조(벽), 경량철골구조(지붕) | **단열재** 내부 - 압출법보온판 30mm, 외부 - 비드법단열재 난연 100mm | **외부마감재** 외벽 - 갈바 위 우레탄 도장, 컬러강판 골형 / 지붕 - 이중그림자싱글 | **창호재** 공간 알루미늄 시스템창호(에너지등급 1등급, 35mm 삼중유리), 24mm 복층 커튼월 | **에너지원** 도시가스 | **전기·기계** 김기현 | **설비** 김동구 | **설계·시공** JYARCHITECTS 원유민 070-8658-9912 http://jyarchitects.com | **사진** 원유민

8 - 커튼월 뒤로 평상을 만들었는데, 이곳에 누워 낮잠을 자거나 아이들과 놀아줄 수 있다. 특히 평상이 놓인 가족실은 주방과 이어지는 회전 동선으로, 두 딸은 이곳을 뱅글뱅글 돌며 즐거워한다. 말 그대로 TV 없이도 무척 재미있는 가족만의 공간이 되었다.

9,10 - 낮은 층고의 옥탑층은 전체가 아이들을 위한 놀이터다. 경사 지붕 밑에는 어른은 무릎을 꿇어야만 지날 수 있는 동굴 같은 공간이 형성되었는데, 덕분에 옥탑층은 두 딸에게 더없이 좋은 아지트가 되었다.

INTERIOR

내부마감재 벽 - 국내산 친환경 페인트 도장, 구로철판 위 우레탄 투명 코팅 / 바닥 - 원목마루, 빈크리트 (폴리머모르타르 + 무광투명코팅) | **주방가구** 싱크대 - 협정YM(우레탄 도장) / 수전 - 슈티에 3111SN | **조명** 라이마스 펜(PEN) 블랙 | **계단재** T9 구로강판 위 우레탄 흰색 도장, 애쉬 집성목 | **현관문** 단열 방화 도어 | **방문** 알루미늄 폴딩도어

PLAN 1F

PLAN 2F

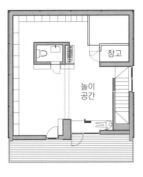

PLAN LOFT

정원을 사랑하는
미니멀리스트의
단독주택 오피스
Design J3

14.

발길 닿는 곳곳 작은 정원을 마주치는
특별한 일터. 부부는 새하얀 바탕,
간결한 선 위에 품었던 꿈을 마음껏
펼쳐놓았다.

+ **WHERE**	부산광역시 수영구
+ **WHO**	부부 & 아들
+ **HOUSE INFO**	1988년에 완공된 2층 조적조 주택
+ **HOW**	공사 2개월 반, 사무실 용도로 건물 전체 리노베이션

전형적인 1980년대 2층 양옥집을
리모델링한 미니멀 오피스. 1층
스토어에서는 빈티지 가구와 감각적인
리빙 소품을 만날 수 있다. 가장 안쪽엔
액자에 담긴 그림 같은 후정이 자리한다.
도심 속 잠시 쉬어갈 수 있는 장소가
되길 바라며 만든 공간이다.

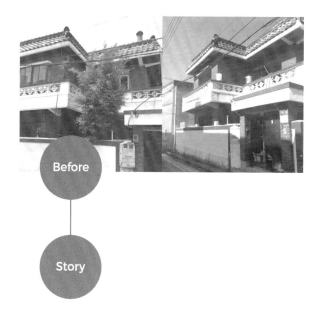

Before

Story

부산 수영구 망미동, 한적한 도심 골목에 자리한 'Design J3(디자인 제이삼)'. 김진국, 김지양 씨 부부가 함께 운영하는 인테리어&가드닝 회사의 새 오피스다. 연애 시절부터 12년 넘게 같이 일해 온 부부는 지난겨울, 그토록 갈망해왔던 '우리만의 사무실'을 실현했다. 유년시절, 진국 씨가 구석구석 누비던 동네에 꿈을 담은 공간이 생긴 것이다. 1980년대 건축된 낡은 이층집을 두 사람만의 스타일로 재해석하며, 늘 해오던 것처럼 남편은 건축 설계와 현장을 진두지휘하고 아내는 남다른 감각으로 인테리어와 가드닝을 도맡았다.

"신축도 고려했지만, 층수는 높일 수 있어도 각 층의 면적이 너무 좁아지겠더라고요. 결국, 용도에 맞게 리모델링하기로 했죠."

집을 고치면서 가장 신경 쓴 건 '안전성'이다. 노후한 조적조 건물은 지진에 취약한지라 내진 설계와 구조 보강이 필수였다. 고민 끝에 탄생한 오피스는 박스 형태의 미니멀한 디자인으로 예전 모습이 기억나지 않을 정도다. 1층 3가구의 임대 세대, 2층 주인 세대로 분리되어 있던 집은 근린생활시설로 용도 변경하고 벽을 트고 내부 계단을 새로 만드는 등 공간을 재구성했다. 안으로 들어가면 군더더기 없이 깔끔한 마감과 인테리어 디자인에 감탄이 절로 나온다. 컬러풀한 소품으로 위트와 생동감을 더한 센스가 예사롭지 않다. 1층은 리빙 소품과 가구 등을 전시·판매하는 편집숍과 비밀스러운 개인 작업실로, 벽을 터서 하나의 공간으로 구성한 2층은 주요 업무와 미팅이 이루어지는 오피스로 꾸몄다. 옥상에는 모임과 휴식을 즐길 수 있는 정원을 두고, 아들 주하에게 작은 다락방을 만들어 주었다. 엄마아빠가 선물한 나만의 아지트를 보고 주하가 뛸 듯이 기뻐한 건 말할 것도 없다.

1층부터 옥상까지 마주치는 작은 정원과 식물 화분이 도심 속 숨통을 트여주는 작은 쉼터이자 사랑스러운 오피스. 부부는 이곳에서 매일 풍부한 영감을 주고받으며 인생에서 가장 아름다운 순간을 맞이한다.

1,2 – 1층은 2세대로 나뉘어 있던 공간을 연결해 꾸민 곳으로, 안주인이자 Design J3의 실장인 지양 씨의 안목이 고스란히 담겼다. 선반장 옆 미닫이문을 열면 계단 아래 공간을 활용한 창고가 나타난다.

HOUSE PLAN

대지면적 149.64m²(45.27평) | **건물규모** 지상 2층 | **건축면적** 88.94m²(26.9평) | **연면적** 164.15m²(49.66평) | **건폐율** 59.45% | **용적률** 109.73% | **주차대수** 2대 | **최고높이** 7m | **구조** 기초 – 철근콘크리트 줄기초 / 벽 – 시멘트벽돌 조적조 | **단열재** 그라스울 32K | **외부마감재** 경량 스틸 패널, 에나멜 조색 도장, 에나멜 투명 도장 | **창호재** 픽스창(강화유리 12mm, 페어유리 22mm), 시스템창호 | **에너지원** 태양광 | **조경·그린 디스플레이** Design J3 | **구조설계·인허가** 준우 건축사사무소 | **설계·시공·인테리어** Design J3 051-623-8667 www.designj3.com | **주택매입비** 5억5,000만원 | **총공사비** 1억5,000만원(2018년 기준)

3,4 - 군더더기 없는 선과 깨끗한 화이트가 진열된 가구와 소품을 더욱 돋보이게
해준다. 벽의 진열대 한쪽에는 주방용품을 위한 작은 싱크대를 연출했다.

5,6 - 복도와 오픈 세면대 및 화장실에는 출입문, 잉고 마우러의 조명, 화분, 비누 받침
등으로 컬러 포인트를 주었다.

7 - 2층에서 바라본 내부 계단실. 딱 떨어지는 선의 완벽한 마감 디테일이 인상적이다.

PLAN 1F

PLAN 2F

8 – 창턱에 걸터앉아 책을 보는 아들 주하. 잔디밭이 보이는 2층 창의 풍경은 비 오는 날이면 더욱 청량하게 느껴진다.

9 – 널찍하게 구성한 2층 오피스 공간에서는 주로 미팅이 이루어진다. 아기자기한 소품과 식물이 생동감을 더한다.

10 – 2층으로 바로 출입 가능한 외부 계단은 그대로 살렸다.

11 – 옥상정원과 아들 주하를 위한 작은 아지트. 옥탑방은 태양광 패널을 지붕 삼아 만든 것이다.

INTERIOR

내부마감재 벽 – 벤자민 무어 도장 / 바닥 – 오크 원목(1층), 아크리트(2층) | **욕실 및 주방 타일** Azul
타일(부산 윤현상재) | **욕실기기** 수전 – 아메리칸스탠다드 / 욕조 – 새턴바스 | **주방가구** LG하우시스
화이트 인조대리석 | **조명** 필립스, 아르테미데(Artemide), 잉고 마우러(Ingo Maurer), LED 제작 티 램
프 | **계단재** 구로철판 + 우레탄 도장 | **방문** 주문 제작 + 벤자민 무어 | **출입문** 태양 자동문

**Owner's
TIP**

"구조 진단과 내진 설계, 거주자의 안전을 위해서 꼭 필요한 절차입니다"

노후주택은 지진에 약한 조적조로 지은 사례가 많으므로 반드시 구조 진단을
받기를 권합니다. 내진 설계와 구조 보강은 거주자의 안전과 직결되는 문제이므로
절대 가볍게 여기면 안 됩니다. 특히 건축물 대수선 신고를 하지 않고 암암리에
구조 변경을 하는 집도 적지 않은데, 이는 매우 위험천만한 일이에요. 철거, 증축 등
구조 변경이 대대적으로 이루어지는 대수선의 경우, 업체를 선정할 때 유사한 작업
경험이 많고 해당 분야에 대한 정보(시공과정, 방법, 자재 등)를 구체적으로 제시할
수 있는 곳인지 따져봐야 합니다. 공사 기간의 관리는 비용 절감과 효율성 측면에서
중요하므로 납기나 미팅, 준공 등 시간 약정에 철저한가도 꼼꼼히 살펴보세요.

12 - 나지막한 다락 느낌의 옥탑방은 내부 전체를 합판으로 마감하고 세모 창을 내어 재미를 주었다.

REMODELING PROCESS

1 - 본격적인 철거가 시작되었다. 내부
계단을 만들기 위해 2층 바닥 슬래브
일부도 잘라내었다.

2 - 근린생활시설로 용도변경 후 구조
진단을 했다. 법적 의무이기도 했지만,
철저한 내진 설계 후 기초와 골조
보강을 꼼꼼하게 진행했다.

3 - 기존 정화조를 철거하고 신설했다.
수도 배관도 모두 새로 깔았다. 이제
추가 보강 작업, 구조 변경이 있을
예정이다.

4 - 외관 공사에 돌입했다. 외벽 전체에
금속 패널을 둘러 예전 모습을 완전히
버리고 박스형의 심플한 입면을 만들
계획이다.

5 - 외관 금속 작업과 동시에 내부
공사가 시작되었다. 내부 계단은
구로철판으로 제작했다.

6 - 온돌 대신 천장에 냉난방설비를
설계, 시공했다. 기성품은 미니멀한
천장 마감을 해치는 면이 있어 커버를
공간에 맞게 직접 디자인, 제작했다.

7 - 내부 도장을 먼저 끝냈다. 아직
바닥재 시공과 디테일 마감, 조명과
창호 설치 등이 남았다.

8 - 아이를 위한 작은 옥탑방 공사를
시작했다. 야외 가구와 화분을 놓아
옥상정원도 꾸밀 계획이다.

9 - 외관의 도색과 전기 작업까지 모두
마쳤다. 드디어 정식 입주만 남았다.

새 주인을 만나
요즘 식으로
고친 집
Age&Beauty

15.

여러 차례 모습을 바꿔왔던 건물이
제대로 된 맞춤옷으로 갈아입었다. 그
모습을 한참 보고 있자니 집을 고친
즐거움이 고스란히 전해진다.

+ **WHERE**	서울시 종로구
+ **WHO**	부부
+ **HOUSE INFO**	여러 번 개조한 흔적이 있는 노후주택
+ **HOW**	내·외부 전체 개조

안방과 거실을 이어주는 복도.
창밖으로 보이는 마당이 인상적이다.
한옥 목수가 손을 보았던 덕에 기존
집은 한옥이 아니었음에도 불구하고
창호를 비롯한 곳곳에 전통적인
소목의 솜씨가 묻어났다. 건축주는
이러한 장인의 솜씨를 최대한
남겨두거나 재활용해주길 원했다.

Before

Story

기존 건물은 주택을 개조하여 용도에 맞춰 사용 중이었고, 이전에도 여러 번의 변경을 거친
흔적이 남아 있었다. 이 건물을 매입한 건축주는 또 한 차례 리모델링을 계획하고 건축가를
찾았다. 요구사항은 1층을 가족의 공간으로 사용하고 2층은 여러 사람이 모임을 할 수 있는
공간으로, 테라스나 옥상에는 텃밭을 둘 수 있게 해달라는 정도.
기초적인 설계를 진행한 후 조심스럽게 철거를 시작해 보니 몇 곳은 구조적인 보완도 필요한
상태였다. 결국 부분적으로 조금씩 설계를 수정했고, 구조가 취약한 곳은 철골로 받쳐 기초를
형성한 다음 안정성을 보강하였다. 내부 계단을 위해 2층 슬래브의 일부는 절단할 수밖에
없었는데, 이는 예상했던 것보다 훨씬 대수술이었다. 가장 큰 난관은 기존 건물에 덧붙여
사용하던, 마당 한가운데 위치한 외부 철재 계단의 처리였다.

　　　"건축주는 2층을 1층과 별도로 사용할 수 있다는 생각에 그대로 두길 원했지만, 주거 중심의
　　　생활을 위해서라도 계단만큼은 내부로 옮기기를 제안했습니다. 마당과 주택의 활용도, 건물
　　　형태 등을 고려했을 때 외부 계단을 철거하는 것이 옳은 결정이라 생각했죠."

현관의 경우, 남측 안방과 북측의 식당, 2층 동선을 포함한 공적 영역을 구분하기 위해서라도
위치를 바꿔야 했다. 도면상으로 계획된 것과 이미 익숙한 동선 중 어디에 더 비중을 두어야
하는가를 두고 선택하기란 여간 어려운 일이 아니었다. 기존 건물에 적응된 선입견 또한 결정을
더디게 했다. 결과적으로 동향으로 나있던 현관을 북쪽으로 옮겨 남측에서 진입할 수 있도록
했는데, 건축주는 지내보니 오히려 현재의 동선에 더 만족감이 크다고 전한다.
리모델링 프로젝트는 남겨야 할 것이 많고 복잡한 요소들이 얽혀 있으므로, 신설 부분은
어수선하지 않게 정리하는 것이 바람직하다. 집의 외관을 다듬고 보수하는 과정에서 강돌을
쌓아 붙인 부분, 황토로 미장한 부분 등 많은 곳을 철거했다. 목재 창호를 제외하고 안팎
대부분은 흰색으로 마감해 외부는 회벽 같은 느낌으로 단순하게 마무리했다.

1 – 마당에서 바라본 외관. 기존 현관의 방향을 옮겨 남측에서 진입할 수 있도록
했다. 정돈된 마당에는 투수가 가능한 벽돌을 깔고 평평한 사각형의 월대석을
징검다리 마냥 자연스럽게 놓았다.

2 – 현대와 과거의 요소들이 조화롭게 어우러진 2층의 다목적 공간.

HOUSE PLAN

대지면적 148.80㎡(45평) | **건물규모** 지상 2층 + 옥탑 | **건축면적** 85.67㎡(25.91평) | **연면적** 146.51㎡(44.31평) | **건폐율** 57.57% | **용적률** 98.46% | **최고높이** 8.3m | **구조** 기초 – 줄기초(기존) / 지상 – 조적조(기존) / 지붕 – 슬래브(기존) | **단열재** 내단열 – 골드폼 / 외단열 – 압출법단열재 1종1호 30mm, 50mm | **외부마감재** 벽 – 미장 위 외부용 수성 페인트 / 지붕 – 자기질타일 | **창호재** 동양창호 PVC | **설계** 이관직(비에스디자인건축) 02-873-2024 www.bsdesign.kr | **시공** 이경용(LMT Architects) | **총공사비** 1억4,000만원(2015년 기준)

3 – 리모델링하며 나온 기존 목재들은 내부 곳곳 인테리어 요소로 재사용되었다.

4 – 현관과 마주한 주방의 경계를 나눠주기 위해 장식 효과가 있는 가벽을 세웠다.

5 – 가족만의 아담한 식사 공간과 2층으로 올라가는 계단실이 한눈에 들어온다.

6 – 마을 전경이 내려다보이는 2층 발코니.

INTERIOR

내부마감재 벽 – MUJI, DID, 친환경 수성래커 페인트 / 바닥 –신명마루 강마루 | **욕실 및 주방 타일** 논현동 C&M space | **수전 등 욕실기기** 세면대 및 수전 – 아메리칸스탠다드 / 양변기 – 계림 | **주방 가구** 한샘 | **조명** 을지로 DS Lighting | **계단재** 계단판, 손스침 – 미송집성 / 개비온월 상판 – 아카시아 집성 | **현관문** 알프라임도어 | **방문** 예다지도어 | **아트월** 기존 한옥창호 | **붙박이장** 주문 제작 | **데크재** 타일(논현동 C&M space)

7

7 - 2층 한편에 자리한 다도 공간.

8 - 집 안에는 음악하는 아내를 배려한 부분들이 엿보인다.

9 - 그레이 톤의 바닥 타일과 긴 나무 테이블이 잘 어우러진다.

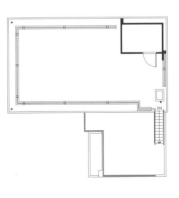

PLAN 1F   PLAN 2F   PLAN ROOF

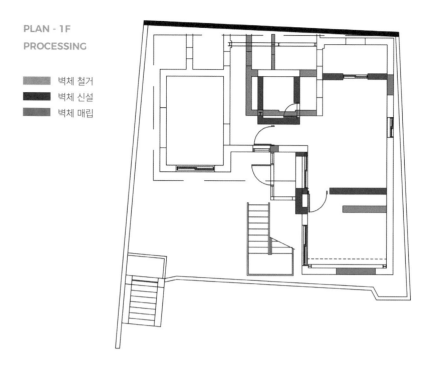

PLAN - 1F
PROCESSING

▬ 벽체 철거
▬ 벽체 신설
▬ 벽체 매립

10

10 - 햇볕이 잘 드는 외부 공간. 옥탑으로 올라가는 동선에 대한 문제는 누수와 단열 등을 고려하여 2층 발코니를 거쳐 올라가는 외부 계단을 두는 것으로 결정했다.

REMODELING PROCESS

1 - 1층을 H빔 구조로 보강해주었다.

2 - 2층으로 올라가는 내부계단을 계획하기 위해 슬래브를 일부 제거했다.

3 - 1층 자녀방은 기존 공간이 2명의 방으로 쓰이기엔 작아 벽체 철거 후 신설, 확장했다.

4 - 1층 욕실 벽을 만들고 주방 시공을 진행했다.

5 - 옥탑으로 올라가는 외부계단. 2층 조망을 가리지 않으면서 효율적으로 배치하고자 했다.

6 - 2층 외관의 미장공사가 완료되었고, 전면에 유리가 설치되었다.

7 - 바닥에는 온수파이프를 설치하여 난방을 돕는다.

8 - 1, 2층 계단 및 주방 벽 등을 타일로 마감했다.

9 - 우물천장 및 벽 석고보드 마감이 끝났다. 기존 문틀을 분해하여 인테리어 요소로 활용했다.

과거와 현재가
공존하는
집과 작업실
Home Atelier

16.

주택은 정감 있는 조용한 동네
풍경과도 자연스럽게 어우러진다.
증축으로 낡은 것과 새로운 것의
연결을 이뤄낸 43년 차 집의 변신.

+ **WHERE**   서울시 마포구
+ **WHO**   부부 & 딸 2
+ **HOUSE INFO**   43년 된 단층 주택
+ **HOW**   수직 증축, 전체 개조

옆집과의 합벽이라는 악조건 속에 가족이 필요한 부분을 오롯이 담은 건축가 부부의 집. 계단을 따라 올라가면 6㎡가 채 안 되는 아담한 작업실이 있다. 이전 집의 외부 화장실을 증축해 만든 곳으로, 창밖 동네 풍경이 한눈에 내려다보인다. 층고를 높여 수납 공간도 마련했다.

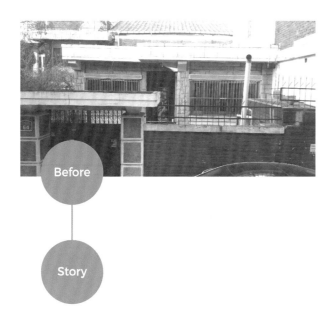

Before

Story

모든 게 빠른 서울이지만, 오래된 건물이 즐비한 동네 골목길의 시간은 천천히 흐른다. 1970년대 혹은 그 이전에 지어진 집들이 그때와 같은 모습으로 자리하며 살가운 풍경을 선사한다. 그 사이로 건축가 부부 이철환, 박의경 씨의 집이 모습을 드러냈다.

"이전 집과 멀지 않은 동네에서 우리가 가진 예산, 조건과 딱 맞는 낡은 단독주택을 발견했어요. 한데, 하필이면 옆집이랑 한쪽 벽이 붙어 있는 거예요. 공사를 하더라도 문제가 많을 것 같아 어쩔 수 없이 발걸음을 돌렸죠. 아쉬웠어요."

이후, 곳곳을 둘러봤지만 자꾸만 그 집이 눈에 밟혔다. 6개월쯤 지났을까. 혹시 몰라 다시 찾은 그곳에 아직 새 주인을 만나지 못한 집이 그들을 기다리고 있었다. 오로지 신축만 생각했던 부부는 '합벽'이라는 조건을 안고 집을 고치는 쪽으로 마음을 바꿨다. 장장 3개월의 시간. 담장이 있던 곳에 남편의 작은 작업실이 생겼고, 기존 단층 주택은 한 층을 더한 이층집으로 변신해 지금의 모습을 갖추게 되었다.

집 앞, 가장 먼저 발길이 닿는 곳은 2층 규모의 작업실이다. 집과 일터의 공존을 위해 아파트를 떠나온 만큼 별채 같은 이곳은 남편에게 꼭 필요한 공간이었다. 작업실 역시 이전 집의 외부 화장실을 증축해 만들었다. 작지만 창문 가득 빛이 들어오니 그 자체로 온기를 품고, 매일 풍성한 상상력을 자극한다. 이곳은 단순히 작업을 하는 장소가 아닌 남편의 꿈이 담긴 공간이다.

주거공간은 지하와 다락이 있는 이층집이다. 철거를 통해 구조 변경을 하고 보강을 해 새로운 공간이 탄생했다. 각 층의 면적이 넓지 않기 때문에 공간 구분을 명확히 하고, 가구나 장식을 많이 배치하면 답답해 보일 수 있으니 최대한 간결하고 넓게 활용하기로 했다. 좁지만 산만하지 않고 밝은 느낌이 온전히 전해지는 건 부부의 손길이 닿은 세심한 배려 덕분이다.

1층은 현관과 마주한 중정을 중심으로 전체를 가족 개개인의 공간으로 정하고 두 딸의 방과 부부침실, 욕실 등을 배치했다. 2층은 가족과 함께 하는 주공간인 주방과 테라스가 놓였고 층고를 높여 만든 다락은 TV를 보고 음악도 듣는 아늑한 공간으로 완성되었다.

1 – 집 앞에 모인 가족의 모습. 이날 함께 촬영을 못한 첫째 딸의 부재가 아쉽다.

2 – 주거 공간 맞은편에 배치된 작은 규모의 작업실은 담장의 역할도 겸하고 있다.

3 – 이전 집의 외벽과도 잘 어우러지는 마감재를 택해 이질감이 느껴지지 않는다. 바닥의 전벽돌은 남편이 직접 시공했다.

HOUSE PLAN

대지면적 100.5m²(30.4평) | **건물규모** 본채 - 지상 2층 + 다락 / 별채 - 지상 2층 | **건축면적** 60m²(18.15평) | **연면적** 94.54m²(20.6평) | **건폐율** 59.70% | **용적률** 94.07% | **주차대수** 1대 | **최고높이** 8.58m | **구조** 기초 - 줄기초(기존), 매트기초(증축) / 벽 - 적벽돌 조적조(기존), 경골목구조 2×6 구조목 + OSB합판 + 레인스크린(증축) / 지붕 - 콘크리트 평슬래브(기존), 2×8 구조목 + OSB합판 + 레인스크린(증축) | **단열재** 경질우레탄폼 150mm(기존), 크나우프 에코배트 R21, R32(증축) | **외부마감재** 벽 - 수성페인트(기존), 벽돌 타일 위 발수코팅(증축) / 지붕 - 컬러강판 | **창호재** KCC PVC창호 | **설계** 미루공(微樓工)건축사사무소 02-6371-6587 | **시공** 건축주 직영 | **총공사비** 1억5,000만원(2015년 기준)

4

4 – 한쪽 벽면의 폴딩도어는 필요에 따라 실내·외를 한 공간처럼 활용할 수 있어 좋다.

5 – 합판과 빈티지한 조명으로 마감된 1층 공간. 실용적인 안쪽 간이주방 좌측으로 화장실이 위치한다.

6 – 기존 집의 외부 화장실은 새단장을 마쳤고, 그 위 공간은 작업실과 연결된 아담한 외부 테라스가 되었다.

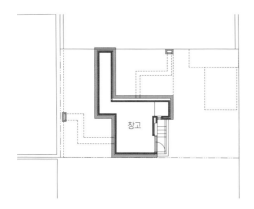

PLAN B1F

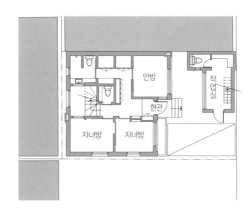

PLAN 1F

INTERIOR PLAN

내부마감재 벽 – 삼화 수성페인트(아이생각) / 바닥 – 동화 자연마루 합판마루 | **욕실 및 주방 타일**
을지로 한일도기 | **욕실기기** 아메리칸스탠다드 | **주방가구** 이케아 | **조명** 을지로 조명나라 | **계단재**
애쉬 집성재 | **현관문** 철제 방화문(제작) | **방문·붙박이장** 자작나무합판(제작) | **데크재** 낙엽송

7 - 2층 주방은 가족이 함께 모이는 공간. 볕 좋은 날엔 자연스럽게 테라스로 발길이 향한다.

8 - 현관에서 바라본 1층 모습. 천창에서 떨어지는 햇살과 나무가 어우러져 그림책 속의 한 장면을 연상시킨다.

9 - 다락으로 향하는 계단실은 소규모 서재의 역할을 겸한다. 벽면을 활용해 책을 꽂아둘 수 있는 수납장을 짜 넣었다.

10 - 두 딸의 방은 미닫이문으로 서로 연결되어 있다. 천장과 벽 사이를 유리로 마감해 공간이 더욱 확장되어 보인다.

11 - 제작한 수납장으로 깔끔하게 꾸민 욕실. 세면대 앞으로 중정을 바라볼 수 있는 창을 내어 도심 속 주택이지만 전원에 지어진 듯한 기분이 들게 한다. 그 너머 창은 첫째 딸의 방이다.

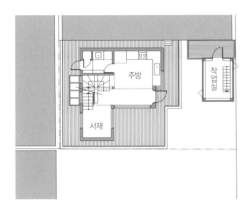

PLAN 2F

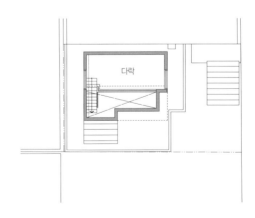

PLAN ATTIC

REMODELING PROCESS

1 - 장비는 담장 철거와 땅 팔 때만 사용하고 나머지는 인력으로 조심조심 철거를 시작했다.

2 - 기존 주택이 벽돌구조라 철거 벽을 최소화하고 증축되는 부분을 고려해서 경량철골로 구조 보강을 했다.

3 - 증축되는 부분에는 콘크리트 공사가 필요했다. 적은 물량이었지만 레미콘, 펌프카 등의 장비가 동원되었다.

4 - 낡은 집 위에 증축되는 것이라 무게에 대한 부담을 줄이고자 경골목구조로 집을 지었다. 2층 규모의 작업실 또한 목구조로 시공하였다.

5 - 기존 집은 단열이 안 된 상태라 내부 단열을 다시 해야 했다. 벽면이 평탄하지 않아 경질우레탄폼을 뿌리는 형태로 마감했다.

6 - 바닥 난방 공사가 진행되었다.

7 - 붙박이가구, 경사지붕, 층고 변화 등으로 내부 목공사가 가장 오래 걸렸다.

8 - 집의 무게를 줄이는 방법으로 벽돌보다는 벽돌 타일로 외부 마감을 했다. 타일시공을 위해서 외부 비계 설치를 별도로 했다.

9 - 지붕은 컬러강판으로 마감하였다.

엄마의
한복 작업실,
아이의 놀이터
Mooi

17.

일곱 살 세현이에게 '집'이라는
자신만의 놀이터가 생겼다. 아이의
환한 미소를 매일 보는 것만으로도
부모의 마음은 포근해진다.

+ **WHERE**	서울시 성동구	
+ **WHO**	부부 & 아들	
+ **HOUSE INFO**	1970년 지어진 벽돌조 2층 주택	
+ **HOW**	2개월 공사, 계단실 일부 증축해 2개 층 연결	

현관을 향해 바라본 모습. 한복을 디자인하는 아내가
인테리어 디자인에 관심이 많아 가족에게 딱 맞는
분위기를 연출할 수 있었다. 1층은 방 2개와 주방, 식당,
화장실을 배치하고, 볕 잘 드는 2층에 거실과 가족실을
두어 넓게 쓸 수 있는 공간으로 설계했다.

Before

Story

서울 금호동 주택가의 한 집에 '무이한복'이라는 작은 간판이 걸렸다. 유독 눈이 가는 외관에
가까이 다가가 들여다보고 싶어지는 이곳은 박경환, 이보라 씨 부부와 아들 세현이가 사는
집이자 부부가 운영하는 한복 가게의 쇼룸이다.

아파트에 거주했지만, 마음 한구석에 남은 주택에 대한 미련을 버리지 못하던 찰나. 부부는
가게와 불과 50m 정도 떨어진 곳에서 낡은 집 한 채와 마주했다.

> "집을 발견한 다음, 다른 이들과 마찬가지로 신축과 리모델링 사이에서 많은 고민을 했어요.
> 그러다 현재 상황에 맞춰 꼼꼼히 따져보고 신중하게 결론을 내리게 되었죠."

신축했을 경우 줄어들 건축면적과 협소한 골목이라 부딪히게 될 철거의 어려움, 입주까지 주어진
시간 등을 고려했을 때 가족에게는 리모델링이 답이었다. 그렇게 마음을 굳히고 부부의 첫
쇼룸을 디자인하고 시공해주었던 생활건축 홍성준 소장에게 모든 것을 일임했다. 남편과는 이미
14년 전부터 알고 지낸 사이라 서로에 대한 믿음과 신뢰가 두터웠다.

> "부부가 원하는 바는 간단했어요. 세 식구가 생활하기 적당한 공간과 무엇보다 아이가 눈치
> 보지 않고 마음껏 뛰어놀 수 있는 집을 바랐습니다."

일단 기존의 벽돌 부분을 적절히 남기고 금속공사를 통하여 집의 외형을 새로 잡았다. 증축
부분은 H빔을 이용한 철골조로 기존 연와조의 구조 보강을 같이 진행했다. 외장재는 EPS
난연 패널(샌드위치 패널) 위 골강판 시공을 하여 공사기간을 줄이고, 외부에서 보았을 때 기존
연와조와는 대비되도록 했다. 담장 사이에 위치한 대문은 원래 것을 헐고 수직·수평의 간결한
디자인으로 새롭게 제작했다. 거의 매일 같이 회의하며 작은 것 하나도 의견을 나눴고, 두
달간의 내부 공사 후 대문·외부 테라스·조경까지 모든 공정이 마무리됐다.

집이 완성되고 나서 그 누구보다 기뻐했던 사람은 바로 아들 세현이. 공사할 때부터 현장을
놀이터 삼아 누비더니 요즘도 세상에 집만 한 놀이터는 없음을 몸소 보여준다.

1,2 – 새로 제작한 대문과 담장, 건물이 조화를 이룬다. 처음 만난 집은 1층과 2층 세대가 분리되어 있었는데, 외부 계단을 없애고 계단실을 증축해 두 층을 하나로 연결했다.

3 – 화이트 톤으로 깔끔하게 꾸민 현관.

4 – 대문 좌측에 마련한 작은 화단 앞 모래 놀이터에서 놀고 있는 아들 세현이의 모습.

HOUSE PLAN

대지면적 75.4㎡(22.81평) **| 건물규모** 지상 2층 **| 건축면적** 56.23㎡(17.01평) **| 연면적** 101.07㎡(30.57평) **| 건폐율** 74.6% **| 용적률** 134.09% **| 최고높이** 6.45m **| 구조** 기초 – 철근콘크리트 줄기초 / 지상 – 시멘트벽돌 조적조(기존), 철골구조(증축) **| 단열재** 수성연질폼 220mm(기존), 비드법단열재 1호 220mm(증축) **| 외부마감재** 외벽 – 기존 적벽돌 위 페인트, EPS 난연 패널 위 골강판 / 지붕 – EPS 난연 패널 위 아스팔트싱글 **| 담장재** 기존 블록조에 T24 방킬라이 시공 **| 창호재** 이건창호 165mm 알루미늄 시스템창, 로이유리 35mm(아르곤가스 주입) **| 에너지원** 도시가스 **| 조경** 세현조경 **| 시공** 생활건축 홍성준 **| 설계** 생활건축 건축사사무소 02-2061-5400 www.shgc.co.kr **| 총비용** 1억4,520만원(설계비 포함, 건물 구입비 미포함, 2018년 기준)

5 – 아늑한 1층 아이 방. 1층에는 부의 침실과 아이 방 및 주방과 욕실 등을 배치했다.

6 – 구조 보강한 노출 H빔을 이용해 간단하게 해먹을 설치할 수 있다.

7 – 2층을 쇼룸으로 사용하게 되면서 1층을 통한 손님 출입이 잦아지자, 따로 문이 없던 주방 앞에 커튼을 달아 공간을 가릴 수 있게 했다.

PLAN 1F

PLAN 2F

INTERIOR

내부마감재 벽 – 벤자민무어 친환경 도장, LG하우시스 벽지 / 바닥 – 이건마루 | **수전** 더존테크 | **조명** 대림전기 조명, FLOS(IC), GUBI(Turbo Lamp) | **주방타일** 유송타일 | **현관타일** 윤현상재 | **중문** 홈인도어 3연동 도어 | **현관문** 리빙디자인도어 방화문 | **계단재·난간** 애쉬 38mm + 평철난간 | **데크재** 방킬라이 19mm

8

8 - 잘 드는 2층에 거실과 가족실을 두어 넓게 쓸 수 있는 공간으로 설계했다. 2개 층이 수직으로 오픈된 6m의 계단실을 만들어 낮 시간, 1층의 깊은 곳까지 빛이 닿는다.

9 - 한복을 디자인하는 아내의 작업실.

10 - 2층은 모든 벽체를 철거해 오픈형 공간으로 꾸몄는데, 덕분에 다양한 연출이 가능하다.
11 - 2층에 마련한 드레스룸. 손님들이 한복을 피팅해볼 수 있다.

"옥상 방수, 외벽·조경 공사 등으로 생기는 추가 공사비를 주의하세요"

최종 마감재에 따라 차이는 있겠지만, 30년 된 벽돌조 건물을 리모델링하는
비용(구조보강 포함)은 용도가 상가인 경우 평당 350만원 내외, 주택은 평당
450만원 내외의 공사비가 발생합니다. 물론 구조 보강이나 증축 등의 대수선,
인허가 등이 없는 실내 재료의 교체만 진행하면 공사비는 낮아질 것입니다. 높은
공사비에도 불구하고 리모델링이 주는 가치는 분명합니다. 리모델링 공사비는 신축
대비 70~80% 정도로, 같은 면적을 짓는다면 리모델링이 저렴한 셈입니다. 신축
시에는 신축된 연면적에 비례하여 주차장을 확보해야 하지만, 기존 건물에 증축
시에는 증축으로 면적이 증가하는 부분에 대해서만 설치 기준을 적용·산정하는
이점도 있습니다.

12 - 마당이 아담한 대신 2층에는 테라스가 자리한다. 볕 좋은 날에는 이웃에게 피해가 가지 않는 선에서 가족만의 야외 활동을 즐긴다.

건축가의
집 아래
일터
Urban Frame

18.

다양한 집을 만나는 건 흥미롭지만
'이제는 정착하고 싶다'던 건축가.
그가 욕심을 담아 리모델링한 집과
사무실의 일상다반사.

+ **WHERE**   서울시 용산구
+ **WHO**   1명의 건축가
+ **HOUSE INFO**   30년 이상 된 3층 건물
+ **HOW**   설계 및 내·외부 개조 8개월

주거와 사무 공간이 함께 있는 집은 각각의 역할에
충실하면서 업무를 효율적으로 수행할 수 있는 용도가
중요했고, 공간의 쓰임과 동선을 고려해 건물을
완성했다. 사진은 개인적인 공간인 3층 복도에서
바라본 모습. 직접 제작한 소품과 가구, 미술작품들이
집 안 곳곳을 장식해 공간을 돋보이게 한다.

Before

Story

건축가로서 거주 공간에 욕심 많던 서재원 씨. 정착할 곳을 찾던 그는 익숙한 생활반경 내에서 이곳저곳 알아보다 시세보다 저렴한 이 건물을 만났다.

당시 건물은 30년도 더 된 세월의 흔적을 모든 곳에서 여실히 보여주었다. 외벽 타일 대다수가 떨어져 있었고, 지붕은 낡아 안쪽으로 비가 뚝뚝 샜다. 오래된 건물이라 단열과 낡은 구조를 보강하는 것조차 쉽지 않았다. 하지만 그의 직업은 건축가. 문제점을 해결하고, 현장에서 부딪히는 시행착오를 적절히 수정해가며 차근차근 공사를 진행해나갔다.

입주하기까지는 8개월이 넘게 걸렸다. 남들이 보면 분명 '중이 제 머리 못 깎는다고, 건축가가 자기 집 고치는 데 왜 이렇게 긴 시간이 필요했냐'며 갸우뚱할 법하다.

"내 집이라 욕심이 생기는 건 어쩔 수 없더라고요. 자금이 모일 때까지 기다렸다 고치고를 반복하다 보니 오래 걸릴 수밖에 없었네요(웃음)."

수익을 위해 임대를 준 1층 주거 공간을 지나 낮은 계단을 오르면, 현관 바로 옆 그가 운영하는 어반프레임(urbanframe)의 사무실이 자리한다. 골목길과 마주하는 전면에 큰 격자창을 설치한 덕분에 작지만 탁 트인 느낌. 사무실에서 나와 계단실 옆 복도를 지나면 손님이 왔을 때도 활용하기 좋은 거실과 만난다. 거실 역시 'ㄱ'자형의 통창으로 다채로운 바깥 풍경을 담아낸다. 외부 경관요소를 내부로 끌어들이는 '차경'에 대한 그의 고민이 묻어난 결과다. 3층은 개인적인 공간. 면적이 크지 않아 벽이나 파티션으로 각 실의 구분을 두지 않고 단순하게 계획했다.

"줄곧 고민했던 부분에 대한 확신과 건축가로서의 자부심도 얻을 수 있었던 경험이었어요. 폐허처럼 버려진 건물을 고치고 나니 동네가 깨끗해졌다는 말도 들을 수 있어 뿌듯했죠."

좁은 골목길, 다닥다닥 붙은 집들 탓에 어둡기만 했던 대지와 장변형의 건물. 이 악조건을 복도의 최소화, 천창, 맞춤형 가구 등으로 슬기롭게 해결한 건축가의 집. 하나의 공간 안에서 일하는 재미를 느끼고 일상을 맞춰가며 살고 있는 그는, 오늘도 이곳에서 멋진 하루를 보낸다.

1 – 넓은 창과 목재 마감재가 외관을 더욱 빛내주는 주택의 모습. 이전 주택은 관리가 제대로 되지 않아 구조 보강과 단열 등의 공사를 꼼꼼히 해야 했다.

2 – 현관에서 바라본 계단실과 거실 쪽 전경.

3 – 헤링본 무늬의 바닥으로 마감한 그의 사무 공간. 격자창을 통해 동네 풍경을 그대로 담아낸다.

HOUSE PLAN

대지면적 119m²(35.99평) | **건물규모** 지상 3층 | **건축면적** 59m²(17.84평) | **연면적** 167m²(50.51평) | **건폐율** 50% | **용적률** 200% | **주차대수** 2대 | **구조** 철근콘크리트 | **단열재** 100T 단열스티로폼 + 5mm 열반사단열재 + 타이벡(Tyvek) 마감 | **외부마감재** 벽 - 모노쿠시, 레드파인 방부목 / 지붕 - 징크 패널, 우레탄 도막방수 위 방부목 데크 | **창호재** 알루미늄 삼중창호 | **설계·시공** urbanframe 010-6224-8099 www.urbanframe.co.kr | **총공사비** 1억8,000만원(2016년 기준)

4

4 – 주방은 거실과 기능을 구분하면서도 깔끔한 인상을 준다.

5 – 손님이 오면 가장 많이 머무르는 공간이기도 한 거실은 시원한 창으로 채광과 개방감을 확보했다.

6 – 2층과 3층, 옥상을 연결하는 계단실.

7 – 침실 옆에 위치한 드레스룸. 복도 쪽으로도 문을 내어 동선을 배려해주었다.

8

8 - 간접 조명과 자연빛으로 은은함을 살린 침실. 외관 디자인이 내부에 그대로 녹아든다.

9 - 버려질 수 있었던 작은 공간에 그림을 걸어 화사함을 더했다.

10 - 수납까지 신경 쓴 3층 욕실.

PLAN 1F   PLAN 2F   PLAN 3F

INTERIOR

내부마감재 벽 – 벤자민무어 친환경 도장 / 바닥 – 티크 브러쉬 원목 마루(헤링본) | **욕실 및 주방 타일** 윤현상재 수입타일 | **수전 등 욕실기기** 아메리칸스탠다드 | **주방가구** 자체 제작 | **조명** 기본 조명, 자체 제작 | **계단재** 합판 멀바우 원목 | **현관문** 단열도어(자체 제작) | **방문** 슬라이딩 도어(자체 제작) | **붙박이장** 자체 제작 | **데크재** 방부목 + 오일스테인

11 - 옥상으로 오르는 길은 마치 유리온실에 들어온 듯하다. 이는 자칫 어두울 수 있는 계단실을 밝혀주는 역할을 한다.

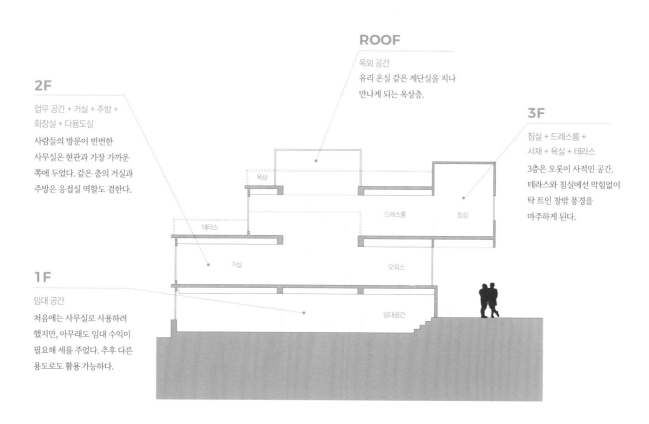

ROOF

옥외 공간
유리 온실 같은 계단실을 지나
만나게 되는 옥상층.

2F

업무 공간 + 거실 + 주방 +
화장실 + 다용도실
사람들의 방문이 빈번한
사무실은 현관과 가장 가까운
쪽에 두었다. 같은 층의 거실과
주방은 응접실 역할도 겸한다.

3F

침실 + 드레스룸 +
서재 + 욕실 + 테라스
3층은 오롯이 사적인 공간.
테라스와 침실에선 막힘없이
탁 트인 창밖 풍경을
마주하게 된다.

옥상

드레스룸　침실

테라스

거실　오피스

1F

임대 공간
처음에는 사무실로 사용하려
했지만, 아무래도 임대 수익이
필요해 세를 주었다. 추후 다른
용도로도 활용 가능하다.

임대공간

"노후주택을 고치기 전 꼭 확인할 세 가지"

리모델링 건물은 그 당시와 지금의 단열기준도 확연히 다르고 여기저기
많이 취약해졌을 가능성이 큽니다. 따라서 그 부분에 대한 보강 작업이
수반되는 것이 가장 기본입니다. 또한, 노후화된 건물일수록 바닥 난방의
배관이나 수도 배관이 동파이프로 되어 있는 경우가 많습니다. 이는 추후
동파나 파손으로 인한 누수 등의 위험 요인이 되므로, PVC 파이프와
하수배관의 점검이 필수입니다. 마지막으로 내부 벽체를 정리할 때,
옛 건물의 벽은 수평이나 각들이 이형인 경우가 대부분입니다. 추후 가구
반입 시 문제가 될 수 있으니 미리 파악하는 게 좋습니다.

12 - 대부분 제작 가구들로 채운 3층 공간. 우측에 테라스가 있어 여유로운 분위기를 내고 싶을 때 제격이다.

가성비 좋은
232m² 주택의
재구성
Classic House

19.

오랜 시간 자리를 지켜온 이층집에
변화가 찾아왔다. 주변과 잘
어우러졌던 외관은 그대로 둔 채,
내부를 재구성한 주택이다.

+ **WHERE**	서울시 서대문구
+ **WHO**	부부
+ **HOUSE INFO**	목조지붕의 2층 노후주택
+ **HOW**	내부만 리모델링

거실에서 본 현관 쪽 모습.
오랜 세월만큼 집은 곳곳에서 부실함을
드러냈다. 지붕이 목조로 되어 있는데,
이 또한 많이 낡아 보강이 필요했다.
내부 구조를 변경하기보다는
기존 상태에서 튼튼하고 따뜻한 집을
만드는 데 주력했다.

Before

Story

구옥을 구입하고 신축과 리모델링 사이에서 고민하던 부부는 허름했던 이웃집이 새롭게
변해가는 과정을 지켜보곤 집을 고쳐 살기로 결심했다. 이래저래 따져 봐도 다시 짓는 것보다
가성비가 좋다는 판단에서였다.

"세월의 흔적이 고스란히 느껴졌지만, 낡았다기보다 오히려 고풍스럽게 다가왔지요."

결국, 주변 집들과 잘 어우러지는 외관은 그대로 유지하고 내부만 리모델링하기로 했다. 철거와
동시에 오래된 집의 문제점이 하나씩 드러나기 시작했으나, 불안해진 뼈대는 구조기술사를 통한
진단으로 보강하고 제 기능을 못 했던 단열과 방수, 난방 설비도 꼼꼼하게 신경 써 공사하며
해결책을 찾아 나갔다. 그뿐만 아니라 기존 외벽과 조화를 이룰 수 있도록 교체될 각종 도어와
자재도 신중히 선택해 집을 완성했다.

현관문을 열고 안으로 들어가면 한쪽 벽면을 가득 채운 짙은 블루 톤의 수납장이 가장 먼저
눈길을 끈다. 투명한 유리 중문 안쪽으로 배치된 거실과 주방 및 식당은 가족이 언제든 함께
모일 수 있는 공간으로 꾸몄다. 거실은 음악을 좋아하는 가족의 취향에 따라 LP판과 CD를
보관할 수 있는 장을 짜 넣고, 스피커, 턴테이블 등의 음향기기를 놓아 작은 음악 감상실을 보는
듯 클래식한 매력을 더했다. 1층에서 포인트가 되는 곳은 주방. 상부장을 없앤 대신 나무 선반을
두어 장식 효과를 더하고, 컬러감이 돋보이는 주방 가구를 제작·배치했다. 넓은 창 앞으로는
야외 데크를 두어 동선의 편의성과 개방감까지 덤으로 얻었다.

2층은 1층과는 또 다른 분위기가 감돈다. 계단을 올라 마주한 서재를 중심으로 가족실과 침실이
있다. 천장을 오픈한 덕분에 밝고 환한 인상을 주는 서재는 한쪽에 간단한 요리와 다과를 즐길
수 있도록 조리 공간을 마련해두었다. 가족실은 서재와 마찬가지로 유리 슬라이딩 도어를 통해
공간을 구분했다. 낮에는 해가, 밤에는 별이 쏟아지는 천창과 포근한 패브릭 소파, 우드 소재의
가구 등으로 실내에 은은한 온기를 불어 넣는다.

1 - 거실 전경. 계단실 아래로 수납장을 두는 등 공간 활용에도 심혈을 기울였다.

2 - 파란 벽면 앞에 같은 색상의 소파를 두고 다양한 크기의 액자를 걸어 변화를
주었다.

대지면적 301㎡(91.05평) **| 건물규모** 지하 1층, 지상 2층 **| 건축면적** 95㎡(28.73평) **| 연면적** 234㎡(70.78평) **| 건폐율** 31.56% **| 용적률** 77.74% **| 주차대수** 1대 **| 최고높이** 10m **| 구조** 기초 – 철근콘크리트 줄기초 / 지상 – 연와조 **| 단열재** 벽 – 수성연질폼 80mm / 천장 – 수성연질폼 150mm **| 외부마감재** 기존 벽돌 **| 지붕재** 스페니쉬 기와 **| 담장재** 기존 담장 **| 창호재** 이건창호 3중 유리 **| 에너지원** 도시가스 **| 전기·기계·설비·토목** ㈜뉴마이하우스 **| 설비** 유영 MEC 김성률 **| 구조설계(내진)** iSM Architects **| 설계** iSM Architects / 홈스타일 트위니 **| 시공** ㈜뉴마이하우스 02-428-4556 www.newmyhouse.com **| 사진** 이종덕

3 – 음악을 좋아하는 가족을 위해 LP판과 CD를 보관할 수 있는
수납장을 거실 벽면 가득 짜 넣었다.

4,5 – 여러 가지 디자인의 펜던트 조명과 푸른빛 바닥 타일,
거실과 동일한 포인트 컬러로 통일감을 준 가구가 조화를 이룬
주방. 벽면 한쪽 나무 선반에 진열한 아기자기한 소품들은
오브제 못지않은 효과를 낸다.

6 - 바닥은 러그를 깐 듯 독특한 타일로 마감하고, 파이프를 활용한
행거로 주방용품을 깔끔하게 정리했다.

7 - 세면대 좌측으로 파우더룸의 역할을 하는 앤티크한 장소를 두었다.

8,9 - 2층에 마련된 가족실. 새하얀 공간에서 유독 눈에 띄는 것은 붉은
벽돌을 쌓아 올린 벽. 작은 조명이 벽면에 빛과 그림자를 만들어 색다른
무드를 선사한다.

내부마감재 벽 - LG하우시스 실크벽지 + 수입벽지 / 바닥 - 원목마루(보성상재), 포르투갈 수입타일(키엔호) | **욕실 및 주방 타일** 윤현상재 수입타일 | **수전 등 욕실기기** 아메리칸스탠다드 | **주방가구** 제작(트위니) | **조명** 을지로 메가룩스, 파나소닉(스위치) | **계단재·난간** 멀바우, 평철난간 | **현관문** 이건창호 | **중문** 위드지스 | **방문** 목재 + 도장 | **데크재** 멀바우

10 - 계단을 오르면 정면에 서재가, 좌측에 가족실이 위치한다.

11 - 높은 층고의 서재. 안쪽으로 침실을 배치했다.

12 - 폴딩 도어를 열어 공간을 확장할 수 있는 야외 테라스. 가족실과 서재에서 바로 연결되도록 하여, 볕 좋은 날엔 활짝 열어 외부 풍경을 즐길 수 있도록 했다.

PLAN B1F   PLAN 1F   PLAN 2F

'별' 볼 일
많은
주택 살이
Honesty

20.

25년 세월을 견딘 다가구주택이
새하얀 옷으로 갈아입었다.
이루어지지 않을 것 같던 부부의 오랜
꿈이 실현된 순간이다.

+ **WHERE**	서울시 은평구
+ **WHO**	부부 & 반려묘 점분이
+ **HOUSE INFO**	1992년 완공된 다가구주택
+ **HOW**	설계 3개월, 공사 4개월, 내·외부 전체 개조

집 앞에 선 이경은, 이연우 씨 부부와 반려묘
점분이. 리모델링 후 1층은 임대를 주었고,
2, 3층은 부부의 보금자리다. 살림집 내부는 좀 더
넓어 보일 수 있게 화이트 톤으로 마감하고 컬러
포인트를 주어 세련된 분위기다.

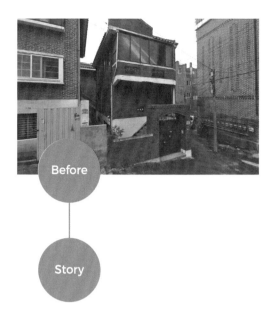

Before

Story

시골에서 나고 자란 이연우 씨는 늘 주택에서의 삶을 꿈꿨다. 하지만 서울에서는 아파트 전세금조차 감당하기 힘든 게 현실. 첫 단추를 채울 용기를 준 건 남편 이경은 씨였다. 혼자라면 생각만으로 끝났을 일에 남편은 선뜻 동참해주었고, 부부는 오래된 집이 많은 서울 변두리로 시선을 옮겼다. 낡은 건물을 구입해 개조한다면 전세금 정도로 주택을 가질 수 있으리란 생각에 마음이 들떴다.

"임대 수익을 고려해 다가구 주택으로 눈을 돌렸어요. 그리고 찾은 게 이 집이었죠. 관리가 제대로 되지 않은 상태였는데, 반듯하지 않은 구조와 배치도 문제였어요."

25년 이상 된 벽돌집을 구입한 후 오히려 근심이 늘었다. 건축 쪽으로는 문외한이라 막상 공사를 어떻게 진행해야 할지, 고민과 기쁨이 고르게 뒤섞인 감정이 물밀 듯 밀려왔다. 그러나 어차피 둘이서 짊어지고 가야 할 일! 서점, 도서관, 인터넷을 뒤져가며 머리를 맞대고 열심히 공부했다. 시공업체를 선정할 땐, 먼저 점 찍어둔 몇 곳을 통해 견적을 받았다. 그중 가장 신뢰 가는 업체를 택하고, 그 업체에서 진행 중인 현장을 방문해 정말 믿을 만한 곳인지 다시 한 번 꼼꼼히 확인했다.

요청한 내용과 다르게 작업된 부분은 바로바로 이야기해 고쳤다. 시간이 지나면 수정할 수 없는 공사가 많기 때문에 눈치가 보이더라도 자주 들러보는 것이 중요하다고 생각했다. 넉넉지 않은 자금 안에서 지켜야 할 것과 바꿀 것에 대한 원칙도 세워야 했다. 마당과 옥상 등 살면서 다듬을 수 있는 부분은 과감히 포기하고, 마감재도 비싼 것보다는 형편에 맞게 선택했다.

"다음에는 더 잘할 수 있을 것 같은데, 그런 기회가 주어질지 모르겠어요(웃음)."

시간이 흐를수록 새집에 적응하고 언젠가 주택 생활도 아파트에 살던 시절처럼 평범하고 지루하게 여겨질지도 모르겠다. 하지만, 부부에게 중요한 건 지금. 다가오는 봄이 처음 이사 온 그때처럼 다시 설렌다.

1 - 현관 측 모습. 하얀 헤링본 패턴 바닥이 내부를 더욱 환하게 만들어준다.

2 - 이전 주방이 있던 자리는 보강작업을 거쳐, 작지만 아늑한 거실이 되었다.

3 - 주방 남쪽으로 창이 없어 세로로 긴 고정창 하나를 냈다. 서랍형 싱크대는 직접
가구공방을 선택해 제작을 맡겼다.

대지면적 99m²(29.94평) | **건물규모** 지상 3층(1층 임대세대) | **건축면적** 1층 - 41.24m²(12.47평) / 2, 3층 - 각 41.50m²(12.55평) | **연면적** 124.24m²(37.58평) | **건폐율** 41.9% | **용적률** 125% | **외부마감재** 벽 - 드라이비트 / 지붕 - 와 + 도장, 화이트루프 | **창호재** 영림샤시 하이새시 이중창, 삼익산업싱글헝 | **설계·시공** 웃음건축 02-6383-1888 www.woosm.co.kr | **총공사비** 1억2,000만원(2016년 기준)

4 - 반려묘를 위한 요소가 곳곳에 숨어 있다. 화장실에는 고양이 문을 따로 설치해 드나들기 쉽도록 배려했다.

5 - 거실은 공사를 할 때 기존 가구 사이즈에 맞게 공간을 구획해 데드스페이스를 최소화했다.

6 - 계단을 올라오면 바로 보였던 화장실을 철거하고 책상을 짜넣었다. 우측에는 드레스룸이, 좌측에는 세탁실과 옥상으로 올라가는 계단실이 있다.

7 - 오로지 쉼의 기능만을 살려 제일 작은 방을 부부 침실로 꾸몄다.

보강작업

공사로 변경된 벽

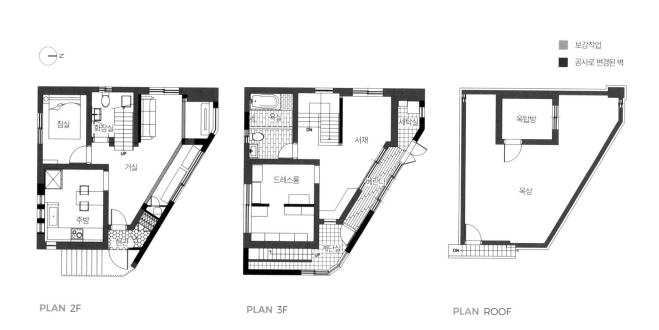

PLAN 2F

PLAN 3F

PLAN ROOF

INTERIOR

내부마감재 벽 – 대우 페이퍼가든 서울 플레인 화이트, 삼화페인트 아이사랑 / 바닥 – 한솔 장판, 한샘 강마루 | **욕실 및 주방 타일** 수입타일 | **수전 등 욕실기기** 대림 | **주방가구** 메이킹퍼니처(싱크대), 이엔텍몰(싱크볼) | **조명** 이케아, 을지로 조명업체, 공간조명, 프로라이팅 | **계단재** 미송집성목 | **현관문** 방화문

8 – 둘만 사는 집이다 보니 실제로 많은 방이 필요치 않았다. 위층에는 오픈형 서재를 두어 개방감을 주었다.

9 – 3층의 서재 겸 거실 공간. 유리난간으로 개방감을 주었다. 2층 욕실은 방 하나를 통째 개조했다.

10 – 앞으로 많은 것이 채워질 옥상은 냉방 에너지 절약 효과를 얻을 수 있는 쿨루프(Cool Roof)로 시공했다.

11 – 옥상은 내부에서 바로 올라가는 계단실을 만들어 오롯이 부부만의 공간이 될 수 있게 했다.

나지막하고
다정한
성북동 골목집
Alley

21.

정돈되지 않아 더 매력적인 골목과
낮은 담장. 세월이 흔적이 잔뜩
묻어났던 예전 모습은 온데간데없이
사라진, 정겨운 단층집이다.

+ **WHERE**	서울시 종로구
+ **WHO**	부부 & 딸
+ **HOUSE INFO**	40년 넘은 낡은 단층집
+ **HOW**	설계 3개월, 공사 4개월, 내·외부 전체 개조

샌드위치패널로 덧댄 가건물까지 붙어
있던 40년 넘은 구옥은 빼곡한 집들
사이 골목에 자리하고 있었다. 부부의
취향을 담아 따뜻하게 재탄생한 집의
거실 겸 주방은 천장에 노출된 나무 보가
자연스러운 멋을 더한다.

Before

Story

구옥을 구입하고 리모델링 하기까지, 그 시작은 주택살이를 결심한 다른 이들과 별반 다르지
않았다. 도시의 복잡함으로부터 조금 벗어나 여유로운 삶을 살고 싶다는 것, 아파트에서는 가질
수 없었던 가족만의 독립적인 공간을 갖고 싶다는 것.

"처음엔 막막했어요. 그런데 기존 건물을 실측하다 보니, 그동안 보이지 않았던 정남향의
건물과 아담한 정원, 정면의 시원한 풍경이 눈에 들어왔죠. '잘만 계획한다면 원하는 공간을
모두 이곳에 담을 수 있겠구나' 하는 생각이 들었어요."

주변보다 높은 대지에 위치해 타인의 시선이 쉽게 닿을 수 없음은 부부가 이 집을 선택한
이유이기도 했다. 덕분에 오롯이 가족에 의한, 가족을 위한 정원이 생겼고, 동네 전경까지 품어
작지만 풍성한 공간감이 더해졌다. 실내 면적이 줄어드는 상황이었지만 한편에 세워진 기존
가건물도 과감히 철거했다. 철거 후 비워진 공간에 너른 데크를 만들어 야외에서의 시간을
충분히 내어준 것 또한, 모두에게 만족으로 다가온다.

차분한 톤의 내부는 꾸미지 않은 듯 자연스럽고, 햇빛을 가득 담아 정감 있다. 구옥만이 가질
수 있는 박공 천장의 통나무 보를 살려 멋스러움을 더했다. 주 공간인 주방과 다이닝 공간,
그리고 거실을 보다 효율적으로 활용할 수 있도록 가족의 동선과 생활패턴 등을 고려해 짜임새
있게 구성했다. 부부와 대학생 딸, 세 식구가 살 집이라 방은 두 개만 계획했다. 방이 적다 보니
수납공간 부족이 현실적인 문제로 와닿았다. 고심 끝에 거실 한 면을 붙박이장으로 제작하고
마치 하나의 벽처럼 연출했다. 여기에 안방 출입문과 노출되는 전기선 등을 감춘 TV도 설치하여
실용성을 더했다.

버려질 수도 있었던 건물 후면의 돌담장 쪽엔 작은 창과 나무 덧문을 내고, 어둡기만 했던 외부에
조명을 설치했다. 덕분에 가족은 창밖으로 조형 작품을 보는 듯한 풍경을 선물받았다고.

1 – 좁은 골목길을 걷다 보면 주변보다 조금 높은 대지에 놓인 집과 만나게 된다.

2 – 대문을 열고 들어서면 회색 빛깔 현관과 마주하게 된다.

3 – 주방과 연결된 전면 창 앞으로 널찍한 데크를 놓았다.

대지면적 182㎡(55.05평) | **건물규모** 지상 1층 | **건축면적** 91㎡(27.52평) | **연면적** 91㎡(27.52평) | **건폐율** 50% | **용적률** 50% | **최고높이** 3.8m(천장고) | **구조** 기초 – 철근콘크리트 매트기초 / 지상 – 벽 : 철근콘크리트 + 조적조, 지붕 : 목구조 | **단열재** 바닥 – 가등급 2호 50mm / 외벽 – 비드법보온판 100mm / 지붕 – 열반사단열재 10mm + 가등급 2호 50mm | **외부마감재** 벽 – 스터코 / 지붕 – 시멘트 기와 | **창호재** 더존샤시 PVC 이중창호 | **설계·시공** 님프디자인 02-3673-1946 http://blog.naver.com/nimfedesign | **총공사비** 1억2,000만원(2016년 기준)

4,5 - 거실에서 바라본 다이닝 공간과 주방. 주방은 안주인의 편의에 맞게 동선을 구성했다.

6 - 거실 덧창 밖으로 보이는 돌담은 자연스러운 인테리어 요소가 되었다. 거실 좌측에는 세탁실이 숨어 있다.

PLAN 1F

INTERIOR

내부마감재 벽 – 대우 벽지 + 래커 도장 마감 / 바닥 – 오크 헤링본 우드플로링 + 오크 강마루 | **욕실 및 주방 타일** 국산타일 | **수전 등 욕실기기** 아메리칸스탠다드 | **주방가구** 주문제작(래커 도장 반광 마감 + 오크 상판) | **조명** 애플 조명 | **현관문·방문** 주문 제작(나무 도어 + 페인팅) | **붙박이장** LPM & 도어 페인팅 | **데크재** 방부목

7 – 부족한 수납공간을 위해 한쪽 벽면을 모두 붙박이장으로 제작했고, 안방으로 들어가는 출입문과 TV장도 두었다.

8 – 온전히 쉴 수 있도록 꾸민 부부 침실.

9 – 타일로 깔끔하게 마감한 욕실.

10 – 마을의 풍경과도 잘 어우러진 주택 모습.

풍경이 있는 상가주택
하남 가로수집
HOJA

22

오랜 꿈이었던 상가주택을 마련했다.
허물고 새로 짓는 대신 제한된
조건에서 가장 합리적인 선택은
무엇일까 고민한 산물이다.

+ **WHERE**	경기도 하남시
+ **WHO**	어머니 & 아들
+ **HOUSE INFO**	1983년 지어진 2층 연와조 건물
+ **HOW**	1층 근린생활시설 용도변경, 수직 증축

길 건너편에서 본 가로수집. 1층에 어머니와 아들이 운영하는
돈가스 가게 'HOJA'가 있고 2, 3층에 주거 공간이 자리한다.
5월에는 무성한 가로수 녹음에 가려 수직 증축한 3층이
거의 보이지 않지만, 잎이 떨어지는 겨울이면 또 다른 모습을
드러낸다고. 높은 천장고의 3층과 다락은 주변의 가로수 풍경과
하늘을 한가득 담아 가족에게 선물한다

Before

Story

"어머니는 17년째 하남에서 돈가스 가게를 하고 계세요. 저는 빵을 만드는데, 4년 전부터
어머니와 함께하고 있고요. 가게 이름은 아버지와 어머니 이름 끝 자를 따서 지었어요."

쉴 틈 없이 부지런히 살아도 매달 건물임대료를 내고 나면 다음 달 임대료를 내기 위한 일상이
도돌이표처럼 돌아왔다. 김훤 씨는 무리해서라도 '우리 가게', 조금 더 나아가 '1층엔 우리 가게,
2층엔 우리 집'인 꿈을 그리기 시작했다. 그러다 1983년 지어진 이 건물을 만났다.

1층은 근린생활시설로 용도 변경하여 가족이 오랫동안 운영해왔던 음식점을 이전하기로 했고,
2층은 어머니가, 수직증축을 통해 새로 생길 3층은 훤 씨가 살기로 했다. 특히 3층은 외부공간을
원했던 건축주를 위해 집을 남북으로 나누고 북쪽으로 작은 데크, 주방 및 거실을 배치했다. 그
사이로 큰 창을 내어 집 안 가득 가로수를 품게 해 마당처럼 느껴지도록 하고, 볕 좋은 남쪽에 방
2개와 화장실을 두었다.

이제 부실한 구조가 문제였다. 법규상 3층 이상의 건축물은 내진 구조설계가 되어야 허가를
받을 수 있기에 구조를 대부분 신설하기로 했다. 벽돌로 내력벽이 세워진 기존 건물에 H빔을
넣기 위해 필요한 위치마다 조심스럽게 타공하고 내진 구조설계기준에 따라 철골구조를
만들었다. 부실했던 단열과 설비도 모두 새로 작업하여 만전을 기했다.

가구를 비롯해 손에 닿는 거의 모든 마감을 자체적으로 제작한 내부는 따뜻한 분위기를 낸다.
수납장 손잡이 각도까지 신경 쓰는 등 사용자를 배려한 세세한 디테일도 곳곳에 숨어 있다.
나무로 만든 가구 위에 바니시를 바르는 과정은 건축주 가족이 직접 참여했다고.

"여유가 생기면 어머니 여행 보내드리고 싶어요. 17년 동안 거의 매일 일하셨거든요."

새집에서 어떤 삶을 기대하느냐는 조심스러운 질문에 돌아온 대답. 이제 임대료 걱정을 덜었다고
음식의 가격을 내린 마음 따뜻한 이들이, 이곳에서 오붓한 추억을 차곡차곡 쌓아가기를.

1 - 기존 외관은 그대로 살려 주변과의 조화를 꾀하고 내부와 증축공간에 더
힘을 실었다.

2 - 3층 데크에서는 이 집의 조경수가 된 가로수, 느티나무를 만날 수 있다.

3 - 철골 내진 구조로 구조를 보강하고 담백하게 인테리어한 1층 식당.

대지면적 94m²(28.48평) | **건물규모** 지상 3층 | **건축면적** 56m²(16.96평) | **연면적** 151m²(45.75평, 다락 제외) | **건폐율** 59% | **용적률** 160% | **최고높이** 10.8m | **구조** 기초 – 기존 벽돌 줄기초 + 철근 콘크리트 줄기초 보강 / 지상 – 기존 연와조 + 철골 내진 구조 보강 + 경량목구조 증축(벽 : 2×6 구조재, 지붕 : 2×8 구조재) | **단열재** 기존 – 수성연질폼 100mm 발포 / 증축 – 그라스울 R21, R32 | **외부마감재** 벽 – 벽돌(기존), 컬러골강판(증축) / 지붕 – 이중그림자싱글 | **창호재** 1층 – 금속제작 창호 / 2·3층 – 완체 PVC창호(단열 2등급) + 트라이캐슬 시스템창호 | **설계·시공** 공간공방 미용실 www.silyongmi.com | **총공사비** 1억4,000만원(건물 구입·설계비 별도, 2016년 기준)

4 - 자연광이 쏟아지는 2층 욕실.

5 - 2층 주방의 식탁은 주로 가게에서 생활하기 때문에 필요 없다고 했지만, 막상 놓고 나니 자주 쓰게 된다고.

6 - 2층 현관문을 열면 개방감 있는 계단이 나타난다.

6

7 - 아침이면 가로수에 앉은 새소리에 저절로 눈이 떠지는 2층 침실.

8 - 빛으로 둘러싸인 3층 다락은 건축주 훤 씨가 이 집에서 가장 좋아하는 공간이다.

9 - 박공지붕의 선이 그대로 살아 있는 3층 거실. 높은 천장고가 공간의 개방감을 더한다.

10 -가로수 잎사귀 부분이 통창을 통해 한눈에 들어온다. 날씨에 따라, 계절에 따라 달라질 풍경이 벌써 기다려진다.

내부마감재 벽 – 실크벽지, E0 라왕합판, 수성페인트 / 바닥 – 1층 근생 : 테라조 타일, 2·3층 주택 : 데코 타일 | **욕실 및 주방타일** 국산 타일, 시멘트보드 위 수성페인트 및 방수코팅 | **수전 등 욕실기기** 국산 제품 | **주방가구** 현장 제작(E0 미송합판 + 스테인리스 상판) | **조명** 국산 제품 | **계단재** E0 라왕합판 및 미송합판 | **현관문** 방화문 | **방문** 합판문 | **붙박이장** 찬넬 및 합판 | **데크재** 방킬라이 목재

10

PLAN 3F

PLAN ATTIC

PLAN 1F

PLAN 2F

11 - 새로운 공간에서의 생활에 기대감이 가득한 어머니와 아들.

REMODELING PROCESS

1 - 기초가 부실한 기존 건물의 1층 바닥을 파내 기존 외벽과 연결된 철근콘크리트 기초를 새로 만들었다.

2 - H빔으로 내진 철골구조를 만들고 3층으로 올라가는 계단을 만들기 위해 슬래브를 타공했다.

3 - 건물의 안전을 위해 구조보강이 끝난 뒤 1, 2층 내력벽을 철거했다. 특히 상업공간이 될 1층의 내력벽은 전체 철거했다.

4 - 옥상에 목구조 기초공사를 하기 위해 앵커를 설치하고 합판으로 거푸집을 짠 후, 물탱크실 부분은 슬래브를 새로 만들었다.

5 - 기존 건물에 추가 하중 부담을 줄일 수 있다고 판단해 3층 외벽을 경량목구조로 구성했다.

6 - 지붕 골조까지 완성한 모습. 증축 부분 왼쪽에는 방 2개와 화장실 및 그 위에 다락을 두고 오른쪽 절반은 높은 층고의 주방 및 거실을 배치했다.

7 - 지붕 단열성능 향상을 위해 단열재 바로 위에 통기층을 만드는 웜루프(Warm Roof)를 시공했다.

8 - 100mm 스티로폼과 '나'등급 그라스울을 각각 바닥과 목구조 부분에 사용하고, 가로수쪽 통창은 3중 유리 시스템창호로 설치했다.

9 - 증축 부분 외벽 공사. 외벽체 내부에서 지붕까지 공기 통로를 만들기 위해 수직으로 각재를 대고 아연도금 컬러골강판을 수평으로 마감했다.

도심 속
타운하우스
개조기
Modern Square

23

외관에선 상상할 수 없었던 공간이
눈앞에 펼쳐지는 순간, 입가에 번지는
미소를 감출 수 없다. 행복의 이유를
알 것만 같았던 타운하우스 리모델링.

+ **WHERE**   경기도 용인시 기흥구
+ **WHO**   부부 & 아들 2
+ **HOUSE INFO**   10년 된 타운하우스 주택
+ **HOW**   내부 위주 리노베이션

뒷산의 자연 조경에 정성스런 손길까지 더해지니 더욱
아늑한 집이 완성되었다. 1층에서 가장 돋보이는 곳은
아무래도 거실. 높은 천장고와 빛과 선, 면이 만나
이루는 조형적인 모습은 공간에 깊이를 더한다. 여기에
아담한 정원 풍경까지 어우러져 편안한 느낌을 준다.

Before

Story

똑같은 외관의 집들이 옹기종기 모여 있는 타운하우스 단지. 조용한 마을 분위기와 집의 배경이
되어주는 뒷산은 가족이 아파트를 떠나 이곳을 선택하기에 충분한 조건이었다. 집짓기 대신
결정한 입주인 만큼, 10년의 흔적이 고스란히 묻어나는 내부는 새 옷을 입혀 네 식구에게
최적화된 집을 만들기로 했다.

> "고급형 타운하우스였지만 관리 소홀로 인해 내·외부 크고 작은 누수와 균열 등 모든 것이
> 제 기능을 못하고 있었죠. 공간은 넓었으나 오히려 휑하고 허전한 느낌도 들었고요. 유럽풍의
> 장식적인 요소도 과한 상태였어요."

우선, 집 전체를 가득 채운 불필요한 장식들을 모두 덜어내고 아파트와 다름없던 평면 구성에
변화를 주었다. 필요와 중요도에 따라 면적을 줄이고 늘리는 작업도 함께 진행되었다.
지하에는 지인들과 이야기를 나누며 술 한잔 기울이기 좋은 홈바(Home Bar)를 두었다. 홈바
옆으로는 노래방과 AV룸이 자리하고, 두 공간은 서로 오가기 쉽도록 같은 동선에 배치했다.
음악에 관심이 많은 아들을 위한 작업실은 따뜻한 목재가구와 창을 통해 들어오는 초록빛으로
보다 풍성하게 채워졌다. 1층의 하이라이트는 높은 층고의 거실. 계단 또한 특별한데, 마지막 두
번째 부분을 벽을 따라 길게 이어지도록 해 가족만의 툇마루를 만들었다.
2층에는 긴 복도를 사이에 두고 두 아들의 방이 자리한다. 계단 오른편의 작은아들 방에는
가벽을 세워 코너 공간을 만들고 침대를 놓았다. 채광 좋은 가족실은 소파와 테이블로 간결하게
꾸몄다.
초록 잎이 붉게 물드는 작은 변화도 잘 고쳐진 집에서 바라보니 새삼 감동스럽다는 가족.
오히려 아파트에서의 생활보다 편한 점이 많아 나중에는 꼭 집도 지어보고 싶다는 뜻도 전했다.
같은 집도 어떤 사람이 사느냐에 따라 다른 모습이 된다. 새 가족을 만나 이제야 집은 제 역할을
하게 되었다.

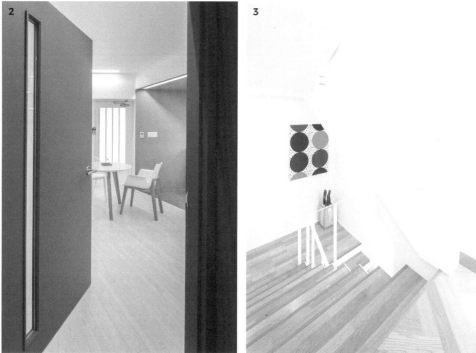

1 – 벽돌 벽과 사선 바닥으로 마감한, 아늑한 분위기의 홈바. 주차장과의 동선을 고려해 홈바 왼쪽에 별도의 출입문을 두었다. 주차 후 바로 내부로 들어올 수 있으니 비나 눈이 와도 걱정 없다.

2 – 파란 문이 포인트가 되어주는 지하 공간.

3 – 지하로 내려가는 계단실. 흰 벽면 한편을 채운 그림이 경쾌한 기운을 발산한다.

4 - 지인들과 즐거운 시간을 보낼 수 있는 노래방.

5 - AV룸은 기능에 충실해 깔끔하게 꾸몄다.

6 - 인상적인 2층 벽면이 한눈에 보이는 거실 전경.

7 - 발상의 전환을 통해 얻은 툇마루. 주방 옆 슬라이딩 도어 뒤편에는 작은 화장실이 숨어 있다. 하얀 직사각형 타일과 간단한 소품으로 포인트를 줘 깔끔하게 마감하였다.

대지면적 466.69m²(141.17평) | **건물규모** 지하 1층, 지상 2층 | **건축면적** 154.39m²(46.70평) | **연면적** 421.59m²(127.53평) | **건폐율** 33.08% | **용적률** 54.62% | **주차대수** 3대 | **최고높이** 6.8m | **구조** 철근콘크리트) | **창호재** LG하우시스 시스템창호 | **에너지원** 도시가스 | **시공** 와이앤제이(Y&J) | **설계** 지오아키텍처(G/O Architecture) 02-395-1215 http://g-o-a.kr

7

8 - 침대 옆 가벽을 세워 만든 부부만의 공간.

9 - 거실과 주방은 바닥재를 달리해 공간을 분리해주었다.

10 - 온전히 쉴 수 있도록 차분한 느낌을 살린 부부 침실.

PLAN B1F

AV룸

음악 작업실

노래방   홈바   주차장

PLAN 1F

다용도실

주방

침실   거실

현관

PLAN 2F

손님방   큰아들방

작은아들방

11

11 - 색을 더한 벽과 그림이
어우러진 드레스룸.

12

13

INTERIOR

내부마감재 벽 – LG하우시스 벽지, 던에드워드 친환경 도장 / 바닥 – 동화자연마루 강마루, 구
정마루 프라하 | **욕실 및 주방 타일** 윤현상재 수입타일 | **수전 등 욕실기기** 아메리칸스탠다드,
대림바스 | **주방가구·붙박이장** 한샘, 제작 가구 | **조명** LED(bar), 펜던트 조명, 현장 제작 |
계단재 구정마루 프라하, 페인팅(측면) | **방문** 예다지, 현장 제작, 주문 제작(금속문) | **아트월**
윤현상재 수입타일 | **데크재** 이페

12 - 하얀 벽과 헤링본 패턴의 바닥이 조화를 이룬 가족실. 2층 복도 벽에는 각각 다른
높이와 크기의 사각형 개구부를 내었다.

13 - 큰아들방에 별도로 마련된 욕실은 방과 바닥재를 달리해 두 공간을 용도에 맞게
분리했다. 수납장 문을 거울로 제작한 덕분에 넓어 보이는 효과도 있다.

14 - 작은아들방. 벤치에 앉으면 테라스를 통해 싱그러운 초록의 정원과 마주할 수 있다.

반지하에
살아도
괜찮을까요?
Wood House

24.

오랫동안 마당 있는 집을 꿈꾸던
가족. 40년 넘은 낡은 집은 따스한
나무 옷으로 갈아입고 네 식구의 새
보금자리가 되었다.

©LK스튜디오

+ **WHERE**	경기도 김포시
+ **WHO**	부부 & 딸, 아들
+ **HOUSE INFO**	40년 된 단층 주택
+ **HOW**	공사 3개월 내·외부 전체 개조, 수직 증축

2층을 증축해 임대를 주고 1층에 살기로 한
건축주 가족은 부족한 주거 면적을 반지하층을
활용해 해결하기로 했다. 지하와 1층을 연결하는
내부계단은 지하층의 채광과 환기를 돕는다.

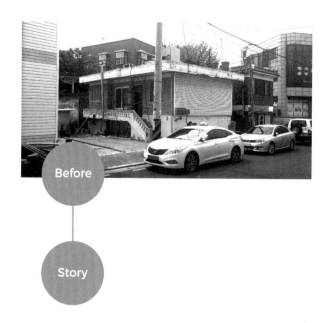

Before

Story

오랫동안 주택 거래나 신·증축 등이 제한되었던 재개발구역이 구역 해제되면서 할머니 홀로 살던 단층집이 매물로 나왔다. 건축주 가족의 아파트 전셋집에서도 가까운 동네로, 가족들의 생활권에 딱 적합했다. 철거 후 새로 지을까도 했지만, 부족한 예산을 고려해 기존 주택 구조를 살리고 대출금은 2층을 증축해 임대하는 것으로 충당하기로 했다. 마침 집의 모양이 반듯한 데다 대처마가 앞으로 나와 있어 증·개축에 나쁘지 않은 조건을 가지고 있었다.

"다들 2, 3층을 증축해서 1층을 임대하라고 했어요. 지하층은 어둡고 습해서 주거용으로는 잘 쓰지 않으니까요. 저희는 마당을 절대 포기할 수 없어서 꼭 1층에 살겠다고 했죠."

21평 남짓한 1층 면적은 네 식구가 생활하기에 턱없이 부족했고, 이를 해결하기 위해 지하층과 1층을 연결하는 내부 계단을 만들어 복층으로 활용하기로 했다. 그런데 예상치 못한 난관이 기다리고 있었다. 지하층 일부를 철거하다 발견한 큰 암반과 세차게 흐르는 물길이었다.

"알고 보니 옛날에 이 일대가 모두 빨래터였대요. 건축사 분께선 미리 알았다면 위험을 감수하면서까지 지하층을 쓰지 않았을 거라 하시더군요."

방법이 없는 건 아니었다. 지하층 벽 전체로 '공간벽(중간에 공간을 두고 안팎으로 쌓는 조적벽)'을 둘러 습기가 벽을 직접 타고 오지 못하게 하고 방수가 깨질 경우에 대비했다. 바닥은 계란판과 흡사한 방습파레트 층을 깐 후 비닐을 덮고 그 위에 난방배관을 하여 시공했다. 또 지하층 양쪽에 펌프를 설치하여 흐르는 물길을 잡았는데, 한쪽에 펌프를 2개씩 둠으로써 하나가 고장 나도 시스템은 정상적으로 작동하도록 했다.

우여곡절 끝에 완성한 집은 지하층의 채광을 위해 마당 쪽으로 창을 크게 내고, 지하에 거실과 서재, 게스트룸, 다용도실 등을, 각자의 침실은 1층에 두었다. 목재소를 운영하는 아버지 밑에서 자란 아내가 특별히 요청한 덕분에 안팎으로 나무의 따스한 질감을 마주하게 되는 집. 반지하이지만 따뜻하고 보송한 보금자리에서 가족은 새 일상을 이어간다.

1 - 지하의 거실 한쪽 벽면에는 선반과 책상을 제작해 작은 서재를 만들었다.

2 - 이 집의 가장 큰 매력 포인트는 거실 소파에 앉았을 때 자연스레 창 너머 잔디 마당으로 닿는 시선이다.

3 – 현관을 들어서면 주방과 다이닝룸이 있는 1층 전경이 한눈에 들어온다.

대지면적 162m²(49평) | **건물규모** 지하 1층, 지상 2층 | **건축면적** 97.18m²(29.4평) | **연면적** 225.72m²(68.28평) | **건폐율** 58.49% | **용적률** 97.2% | **주차대수** 1대 | **최고높이** 8m | **구조** 기초 - 철근콘크리트 / 지상 - 벽 : 시멘트벽돌 연와조 + 경량철골조(증축), 지붕 : 경량철골조 | **단열재** EPS 단열재 80~200mm | **외부마감재** 벽 - 적삼목 + 오일스테인, 컬러강판 / 지붕 - 컬러강판, 아스팔트싱글 | **창호재** 한샘 PVC 이중창 | **설계·시공** 하우스테라피 02-3477-0518 www.housetherapy.co.kr | **주택매입비** 2억9,000만원 | **총공사비** 2억5,000만원(2016년 기준)

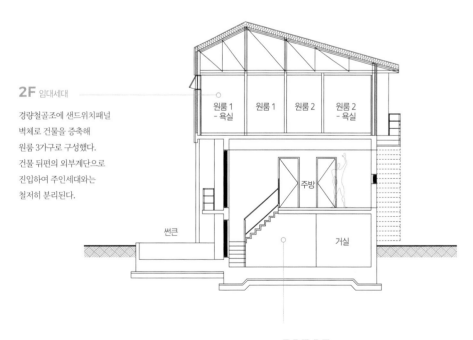

2F 임대세대

경량철골조에 샌드위치패널 벽체로 건물을 증축해 원룸 3가구로 구성했다. 건물 뒤편의 외부계단으로 진입하여 주인세대와는 철저히 분리된다.

원룸 1 - 욕실 원룸 1 원룸 2 원룸 2 - 욕실

주방

썬큰 거실

B1F·1F 주인세대

지하층의 외부 출입구를 없애고 분리되어 있던 1층과 연결하여 복층 공간으로 활용했다.

내부마감재 벽 – 라왕 합판 + 화이트 지당 + 투명 래커 / 바닥 – 이건마루 | **욕실 및 주방 타일** 포세린 타일 | **수전 등 욕실기기** 계림 | **주방가구** 제작 가구 | **조명** 실내 – 사각 아크릴 조명(세영 조명) / 외부 – 벌크조명(천일라이팅) | **계단재** 라왕 집성목 | **현관문** 단열 방화문 | **방문** 라왕 합판 슬라이딩 도어 제작 | **붙박이장** 제작 가구(비앙카)

4 – 이 방은 지상 레벨이 맞지 않아 건물을 증축하면서 단차가 생겼다. 덕분에 공부방과 침실 영역이 자연스럽게 분리된다.

5 – 마당에는 콘크리트 위 방습파레트를 시공한 후 흙을 20cm 돋아 겨울에도 푸른 양잔디를 깔았다. 처마 아래에는 2층 증축을 위해 기둥을 새로 세워 하중을 충분히 견딜 수 있도록 보강했다.

PLAN B1F

PLAN 1F

PLAN 2F

Owner's TIP

"구옥을 구할 땐 동네에 대한 정보 수집이 필수"

아무래도 부동산이나 집주인은 매매할 주택에 대한 단점을
쉬쉬하게 되죠. 동네를 자주 찾아 주민들은 어떻게 살고 있는지,
주변 건축물에 문제는 없었는지 등을 알아두면 도움이 됩니다.
그랬다면 저도 과거에 이 일대가 빨래터였던 걸 미리 알고
예산이나 해결책 등을 준비해둘 수 있었을 테니까요.

6 – 큰 창 너머로 마당 한가운데 배롱나무가 보이는 1층 전경.

오래된 집을
간직하는
방법
Corner House

25.

연남동을 오가던 부부는 건물을
사들여 개조하고 임대 수익을 내 볼
계획을 떠올렸다. 결론부터 말하면,
완벽하게 합격점이다.

+ **WHERE**	서울시 마포구
+ **WHO**	부부
+ **HOUSE INFO**	20년 이상 된 3층 다세대주택
+ **HOW**	1개월 반 내·외부 개조

지금은 '연트럴파크'로 핫한 상권을
이룬 서울 연남동 골목에 자리한 주택.
하부층은 임대를 주고 3층 절반과 4층에
거주할 집을 꾸렸다. 살림집 내부는 낮은
조도의 조명이 공간을 은은하게 밝히고,
맞춤형 제작가구가 넓지 않은 공간
활용에 도움을 준다.

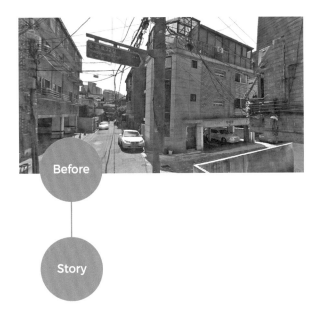

Before

Story

서울 마포구 20평대 아파트에 살던 부부는 20대 중반부터 10년 동안 홍대 상권의 변화를
지켜봤다. 그들은 이미 연남동의 잠재력을 직감했고, 임대 수익을 거둘 수 있는 수익형 부동산에
눈을 돌렸다. 연남동 철길공원, 일명 '연트럴파크'가 완공되기 직전, 운 좋게 적당한 매물을
발견했다.

기존 건물은 도심 어디서든 볼 수 있는 평범한 다세대주택이었다. 최초 준공 당시 인기
마감재였던 화강암과 이와 찰떡궁합을 자랑하던 적벽돌, 그리고 치장석으로 적당히 마무리되어
있었다. 나쁘진 않았지만 건물 디자인이 요즘 이 동네의 건축 트렌드를 따라가지 못하고 있다는
것은 분명 임대에 마이너스 소지가 있었다.

주차공간이었던 1층은 법적으로 확장 가능한 면적이 생기면서 소형점포를 둘 공간이 마련됐고,
금속 마감으로 외벽에 변화를 준 2층은 사무실로 계획했다. 임대공간으로 가득 채운 하부층
위로 부부가 거주할 3층과 고깔 모양의 4층이 얹어졌다. 4층의 경우, 기존에 불법으로 사용되던
공간이었지만 리모델링을 통해 합법화되었고, 2개 층을 같이 사용할 주인세대의 연결공간이자
쉼의 공간으로 변신했다.

부부가 머물 주거 공간은 3층에 계단실, 드레스룸을, 4층에 침실과 주방 그리고 발코니와
연결되는 다도 공간을 두었다. 가구의 대부분은 맞춤 제작했고, 이전 아파트에서 사용하던
물건은 사전 계획을 통해 적재적소에 배치하였다. 위·아래를 연결하는 계단 벽면 전체는
책장으로 만들어 부부가 좋아하는 만화책을 가득 채웠다.

"넓은 잔디 마당은 아니지만, 4층의 3면을 감싼 발코니 덕분에 집 안에서 계절감을 바로 느낄
수 있어 특별한 공간을 얻은 기분이에요."

공사를 마친 후 1층과 2, 3층은 각각 꽃집과 사무실 등이 금세 들어찼다. 건물이 새 옷을
입으면서 대문을 드나드는 사람들의 얼굴과 연령이 바뀌고, 골목은 어느새 활기로 가득 찼다.

1 – 모퉁이 대지 형태를 그대로 따른 주택 외관. 과거 적벽돌의 흔적은 페인트로 색상만 달리하고 물성 자체를 버리지는 않았다.

2 – 책을 읽기 좋은 책장 겸용 휴식공간. 지친 몸을 쉬기엔 더없이 아늑한 곳이다.

대지면적 112.10㎡(33.91평) | **건물규모** 지상 4층 | **건축면적** 67.12㎡(20.30평) | **연면적** 204.17㎡(61.76평)
| **건폐율** 59.88% | **용적률** 182.13% | **주차대수** 2대 | **최고높이** 10.7m | **구조** 기초 - 독립기초, 지내력 기초 /
지상 - 철근콘크리트구조 + 강구조 | **단열재** 비드법 보온판, 열반사 단열재 | **외부마감재** 벽 - 치장벽돌 위 도장,
갈바륨 위 도장, 컬러강판 / 지붕 - 평슬래브(콘크리트 위 액체방수, 보호모르타르), 컬러강판 | **창호재** PVC 이중창
호 | **설계** 프로젝토(projecto) 02-322-5074 www.projecto.kr | **총공사비** 1억90만원(건물 구입·설계비 미포함,
2016년 기준)

3 - 3층과 4층으로 연결되는
계단실은 벽면 전체를 책장으로 꾸며
서재공간으로 만들었다.

4 - 현관에 들어서면 바로 마주하게
되는 신발장. 공간이 협소한 만큼
수납할 수 있는 요소를 많이 두었다.

5 - 침실과 주방 등이 위치한 4층으로
오르는 계단실.

3F·4F 주인세대

부부는 처음부터 꼭대기층에
살고자 했으나, 그 면적이 10평
정도밖에 되지 않아 3층의
절반과 4층을 연결하여 주거
공간으로 삼았다.

1F·2F·3F 임대세대

1층은 필로티 공간으로, 기존에는 주차장으로만
쓰였지만 추가 수익을 낼 수 있도록 소형 점포를 두었다.
2, 3층 절반은 사무실 등 임대 공간으로 쓴다.

6 – 집의 중심이 되는 주방은 간소하게 꾸몄다.

7 – 4층 3면으로 둘러싸인 발코니.

8 – 다른 층보다 좁은 공간이라 침실과 주방은 불편하지 않을 정도의 눈높이에 투명 유리창을 두어 공간을 기능적으로 분리하고 확장성은 유지하도록 했다.

9 – 파란색을 입힌 미닫이문을 설치해 공간의 여닫음이 자유롭다.

PLAN 1F

PLAN 2F

INTERIOR

내부마감재 벽·천장 - 미송합판 위 오일스테인 / 바닥 - 600×600 폴리싱타일, 노출콘크리트 위 에폭시 마감 | **수전 등 욕실기기** 대림바스, 이케아 | **주방가구·붙박이장** 우노가구 | **조명** 대한조명, 을지로 조명기구점 | **계단재** 멀바우 집성목 | **현관문** 금속 위 페인트 도장 | **방문·아트월** 목재 제작(합판 위 도장) | **데크** 방부목 위 오일스테인

PLAN 3F

PLAN 4F

70년대
가리봉동
'벌집'의 재탄생
Solo House

26.

서울 도시노동자의 공간, 어렵게
적응해가는 귀국 동포들의 공간으로
자리했던 벌집. 이제 도시재생과
더불어 또 다른 변신을 꾀한다.

+ **WHERE** 　　　서울시 구로구
+ **WHO** 　　　　건물 상속자
+ **HOUSE INFO** 　1970년대 건축된 연와조 2층 건물
+ **HOW** 　　　　외장을 살려 전체 개조

세월이 흘러 그때 살던 이들은 모두 떠났지만, 건물은 남아 새로운 모습으로 다시 섰다. 과거 벌집의 마당은 세탁이나 모임 등 커뮤니케이션이 이뤄지던 공간이었다. 그 의미를 이어 정원을 만들고 자연스러운 교류를 유도했다. 한때는 벌집이라 불리며 애환을 담았던 공간. 이제는 '솔로하우스'라는 이름으로 동네의 새로운 이정표로서 자리매김하고 있다.

Before

Story

1970~80년대 서울은 새로운 기회를 찾아 올라오는 수많은 젊은 노동자들로 가득했다. 특히
가리봉동에는 근처 구로공단의 노동자를 대상으로 빠르고 저렴하게 지어진 10~30여 개의
방에 공동화장실을 쓰며 한방에 서넛이 모여 사는 '벌집'이 많았다. 신경숙의 소설 <외딴 방>에
묘사된 것처럼 여러 애환이 서린 근현대 역사의 일부인 곳이다. 세월이 흐르고 산업구조가
변화하면서 가리봉동은 점차 침체되었다. 2003년 재정비촉진지구로 지정됐지만 사업성 부족을
이유로 2014년 해제되었고, 건축이 금지되는 동안 동네는 더욱 낙후되었다.

"건축주는 2013년 이 건물을 상속받았다고 해요. 당시 건물은 도시가스가 없어 방마다 LPG
통을 연결해 썼고, 32개 방에 화장실은 마당의 공동화장실 다섯 개가 전부였죠."

내외부도 꾸준히 관리되지 못해 몹시 낡은 모습이었다. 재정비지구가 해제되자 건축주는 주택을
매각하려 했지만, 큰 대지 면적 때문에 쉽지 않았다. 신축하자니 예상 수익 대비 들어가는
자금이 부담이었다. 그래도 한편으론 도시재생사업에 힘입어 점차 동네 환경이 나아지리라는
기대가 있었다. 멀지 않은 가산디지털단지에서의 수요가 예상되기도 했다. 결국 '리모델링'은 솔로
하우스의 절충점이자 시작점이 된 셈이다.

열악했던 구조의 연와조 건물은 임대 경쟁력을 위해 면적을 넓히면서 32개의 방을 19개로
줄였고, 욕실을 방마다 하나씩 넣었다. 이를 위해 벽에 H빔 철골을, 2층 바닥과 천장 슬래브에
구조용 탄소섬유를 적용해 구조를 보강했다. 외장은 전체를 교체하기보다는 기존 자재를 최대한
남겨 건물이 가진 역사성을 살렸다.

"도시재생에 대한 사회적 관심이 높고 관련 정책도 적극적으로 나오고 있는 만큼 구도심
건축물 리모델링은 앞으로 더 활성화되지 않을까요?"

하지만 막연한 기대는 경계해야 하는 법. 단순한 임대 사업이 아닌, 사람을 끄는 건축
스토리텔링에 대한 고민도 함께 이루어져야 할 시점이란 생각을 일깨우는 집이다.

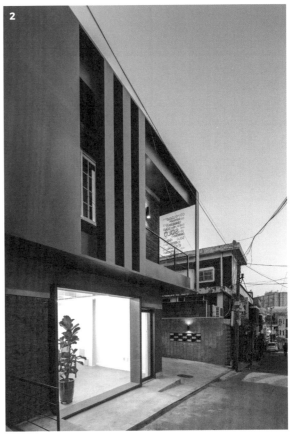

1 - 강화유리를 적용한 외관은 벽돌을 그대로 노출시켜 시간의 흔적을 드러내면서, 복도에서도 밖으로의 전망을 방해하지 않는다.

2 - 2층 일부에 구로철판을 덧씌워 모던 인더스트리얼 감성을 표현했다.

SECTION

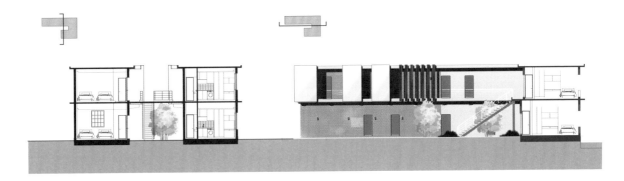

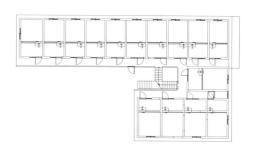

PLAN BEFORE - 2F

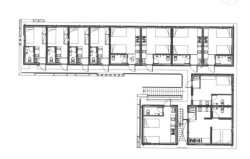

AFTER - 2F

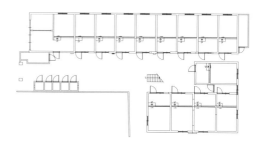

PLAN BEFORE - 1F

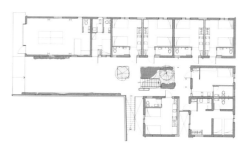

AFTER - 1F

HOUSE PLAN

대지면적 363.7㎡(110.21평) | **건물규모** 지하 1층, 지상 2층 | **건축면적** 262.6㎡(79.57평) | **연면적** 450.98㎡(136.66평) | **건폐율** 72.2% | **용적률** 113.68% | **최고높이** 6.56m | **구조** 기초 – 철근콘크리트 통기초 / 지상 – 연와조(벽체 철골 및 슬래브 탄소섬유 보강) / 지붕·슬래브 – 철근콘크리트 | **단열재** 비드법단열재 2종1호 80mm | **외부마감재** 적벽돌, 백시멘트 미장, THK8 강화유리, THK1.6 구로철판 위 무광 투명 래커, 벤자민무어 외부용 페인트 | **담장재** 시멘트벽돌 | **창호재** LG하우시스 PVC 이중창 | **설계·시공** TOPOS 건축사사무소 김범준 02-858-4358 | **사진** 정광식

3 – 솔로 하우스 2층 복도에서 바라본 모습. 건물 너머로 중심상업지구의 모습이 보인다.

4 – 창이 북쪽을 향해 나 있는 세대의 경우 창문 위에 고정창을 넣어 일부 채광을 보조하게 했다.

5 – 과거 가게 자리였던 1층 일부는 벽을 트고 면적을 넓혀 건축사사무소의 사무실로 사용하고 있다.

내부마감재 벽 - 벽지 / 바닥 - 강마루 | **욕실 및 주방 타일** THK7 자기질타일 | **수전 등 욕실기기** 이케아 | **계단재·난간** 철제파이프 위 에나멜 페인트 | **붙박이장** 이케아

6 - 가구와 물품을 최대한 단순하고 콤팩트하게 일렬의 붙박이가구로 통합하였다.

7 - 1층 사무실 공간의 상단에 과거 벽으로 공간을 분리했던 흔적이 남아있다.

8 - 담장은 은폐의 유리함 때문에 오히려 방범에 적절치 않다. 외벽에 조명과 CCTV를 설치하면서 담장을 오픈해 주변의 '자연적 감시'가 이뤄지도록 했다.

모든 것이
해결되는
올-인-원 빌딩
Jackson

27.

뽀얗고 화사한 건물 한 채가 베일을
벗었다. 합정동 한적한 골목길에서
찾아낸 잭슨 빌딩에는 4개 층에 각기
다른 이야기가 숨어 있다.

+ **WHERE**   서울시 마포구
+ **WHO**   부부
+ **HOUSE INFO**   20년 넘은 4층 단독주택
+ **HOW**   공사 6개월, 내·외부 전체 개조

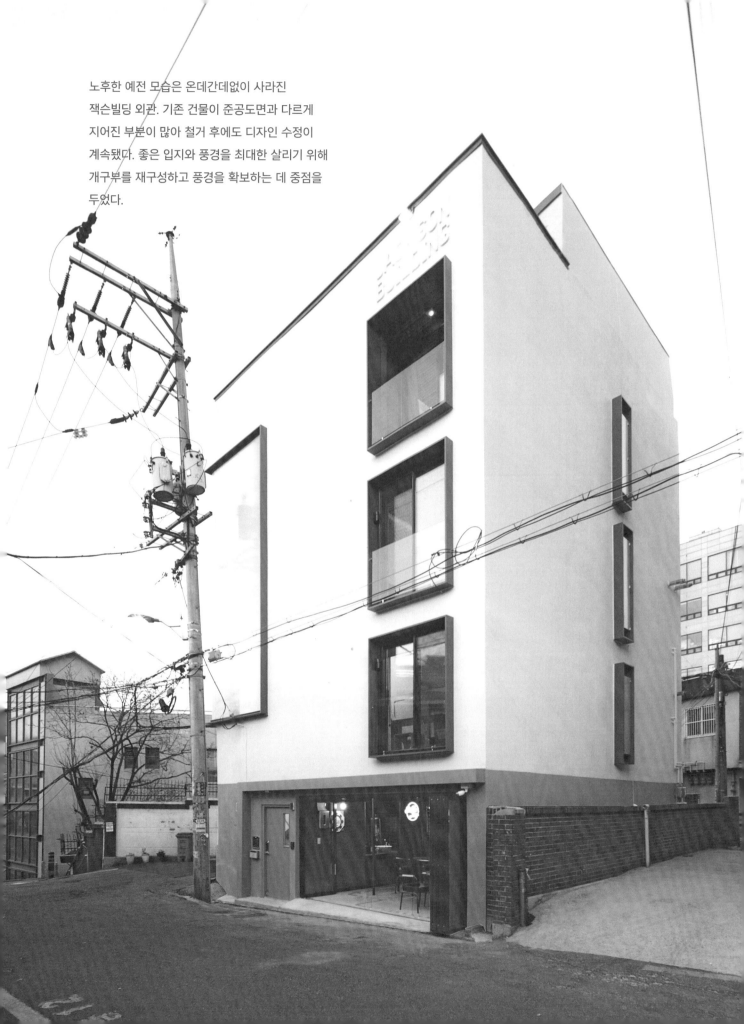

노후한 예전 모습은 온데간데없이 사라진
잭슨빌딩 외관. 기존 건물이 준공도면과 다르게
지어진 부분이 많아 철거 후에도 디자인 수정이
계속됐다. 좋은 입지와 풍경을 최대한 살리기 위해
개구부를 재구성하고 풍경을 확보하는 데 중점을
두었다.

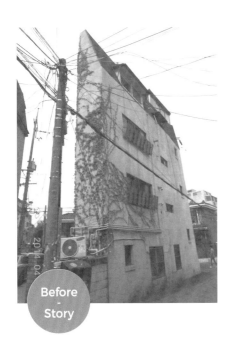

　　"우리 집으로 와!"

결혼 전, 친구들이 만나자고 하면 건축주 심우찬 씨가 늘 하던 말. 음주를 좋아하지도,
특별히 게임을 즐기지도 않는다. 그저 집에서 모든 게 이루어지는 게 좋단다. 이렇게 집
사랑이 각별한 그가 결혼 후 2년이 지난 가을, 자신과 가족만을 위한 집을 지었다.
집을 고치기 위해 가장 먼저 한 일은 실측. 아니나 다를까, 도면과 다른 부분이 속출했다.
수평이 맞지 않아 보강해야 할 곳도 많았고, 비내력벽을 없애려 망치를 들고 보니 콘크리트
구조체로 된 내력벽이어서 설계를 변경하기도 했다. 그렇게 6개월을 투닥거린 결과 1층부터
4층까지 모두 다른 색깔, 다른 이야기가 담긴 건물이 완성됐다.
잭슨빌딩은 우찬 씨가 운영하는 영상제작 사무실 '잭슨 이미지 웍스', 커뮤니티 펍 '빌리
진(Billie Jean)', 그리고 부부의 보금자리가 한 건물에 층층이 쌓여 있다. 이 중 1층 빌리진은
사람 만날 일이 많은 우찬 씨와 윤정 씨가 집으로 친구들을 초대하는 커뮤니티 공간. 전면에
폴딩창을 설치해 날씨 좋은 날, 공간을 활짝 열고 동네 사람들과 교류도 한다. 2층 사무실은
때때로 코워크(Co-work) 형태로 일하는 작업방식을 고려해 유리로 공간을 구획하여 함께
일하되 간섭받지 않을 수 있는 작업 환경을 만들었다.
3층부터 옥상까지는 부부의 신혼집. 3층은 거실과 주방으로, 4층은 침실과 욕실로
나눠 공간을 구성했다. 특히 침실과 욕실은 부부가 꿈꿔 온 로망의 실현. 테라스가 있는
침실에서의 단잠과 별을 보며 즐기는 반신욕의 즐거움은 집 짓고 누리는 부부의 즐거운
호사다. 집에 꼭 맞게 모든 가구를 맞추고, TV가 필수인 우찬 씨를 위해 수신기와 전원을
꽂을 수 있는 콘센트는 보이지 않게끔 배선계획을 잡았다. 평면의 뾰족한 모서리를 최대한
숨겨 수납공간으로 삼고, 깔끔한 아내를 위해 화장실에는 청소용 수도도 따로 달았다.
건축면적 42㎡도 채 되지 않는 집에, 부부가 원한 모든 것에 대한 배려가 알차게 들어 있다.

1,2 - 크지 않지만, 꼭 필요한 동선으로만 구성된 2층 작업실. 유리 파티션으로
공간을 나눠 함께 작업하는 동료와도 서로 간섭받지 않는다.

3 - 살림집 내부는 따뜻한 느낌의 원목과 친환경페인트로 마감했다. 특히 모든 층
천장에는 적삼목 각재를 이어 붙여 통일감을 주었다.

HOUSE PLAN

대지면적 58.7㎡(17.76평) | **건물규모** 지상 4층 | **건축면적** 164.28㎡(49.69평) | **연면적** 41.07㎡(12.42평) | **건폐율** 70% | **용적률** 280% | **주차대수** 1대 | **최고높이** 14.1m | **구조** 기초 - 철근콘크리트 매트기초 / 지상 - 외벽 : 철근콘크리트 구조, 내벽 : 경량목구조(S.P.F) | **단열재** 외부 - 기존 비드법단열재 2종 3호 120mm / 내부 - 열반사단열재 10mm 추가 | **외부마감재** 벽 - 스터코, 폴리카보네이트 단파론, 창호케이싱(갈바접기) / 지붕 - 일부 : 아스팔트싱글, 옥상 : 노출형우레탄 도막방수 + 데크 | **창호재** 필로브 시스템창호(알루미늄, 삼중유리) | **시공** 호아건축 | **설계** 조앤파트너스 02-3445-0998 www.cho-partners.com

4 – 1층 커뮤니티 펍 '빌리 진'. 비즈니스 미팅뿐 아니라 지인들도 함께 어울리는 곳이다.

5 – 작업실에서 살림집으로 향하는 외부 계단.

6 – 살림집은 계단을 내부로 들여 공간을 수직으로 이어주었다. 방과 욕실이 있는 4층은 일부러 문을
달아 겨울철 단열에 신경 썼다.

7 – 원목의 따뜻함이 배어나는 거실. 모든 층 천장에는 적삼목 각재를 이어 붙여 통일감을 주었다.

7

PLAN 2F

PLAN 3F

PLAN 4F

INTERIOR

내부마감재 벽 – 수성 내부용 vp 마감(비닐페인트), 적벽돌 / 바닥 – 윤현상재 테라조 타일 | **욕실 및 주방 타일** 윤현상재 수입타일 | **욕실기기** 수전 – 해외직구 / 도기 – 대림바스, 이시스 / 욕조 – 새턴바스 | **주방 가구** 합판 현장 제작 | **조명** 루이스폴센 파테라(Patera), 제작 조명 | **계단실** 라왕합판 | **방문** 영림도어

8 – 반신욕을 즐기는 아내에게 욕실은 정말 중요했다. 벽의 일부를 반투명하게 마감해 마치 노천온천에 온 듯한 느낌을 준다. 욕조 위 천창으로는 하늘이 보이고, 떨어지는 빗소리도 들을 수 있다.

9 – 호텔 같은 침실은 부부가 가장 애착을 갖는 공간. 전면에는 남편이 좋아하는 테라스가 있고, 파우더룸 너머로는 아내가 사랑해 마지않는 욕실이 크게 자리한다.

엄마·아빠가
함께 고친
다가구주택
Mandlda

28.

서울 답십리, 젊은 부부가 오래된
다가구주택을 고쳤다. 사무실과
살림집이 한데 있는 벽돌집에서 두
딸과 더 많은 추억을 만들어간다.

+ **WHERE**	서울시 동대문구
+ **WHO**	부부 & 딸 2
+ **HOUSE INFO**	26년 된 2층 다가구주택
+ **HOW**	공사 약 2개월, 내·외부 전체 개조

면적은 작지만 가족의 삶을 군더더기 없이
담기엔 넉넉한 승예·승유네 집. 반지층에 건축
사무실을 꾸리고 1층은 임대세대로, 2층과 옥탑을
주거공간으로 구성했다. 작지만 컬러 포인트로
아기자기한 느낌을 살린 집이다.

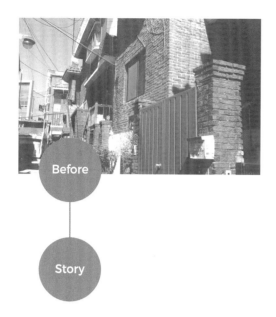

Before

Story

시간을 거스르는 동네, 서울 답십리. 지하철역에서 나와 고미술상가 뒤편으로 걸음을 옮기면
조용한 주택가가 나타난다. 좁은 골목을 따라 오래된 집들이 정겹게 모여 있는 동네다. 세월
묻은 붉은 벽돌 사이로, 새하얗게 단장한 승예·승유네 집이 보인다.

"사무공간이 필요해서 적당한 곳을 찾아다녔는데 생각보다 임대료가 만만치 않더라고요.
부부가 함께 일을 하다 보니 아직 어린 승예와 곧 태어날 둘째를 생각하면 육아 문제도 걱정
됐죠. 그러다 떠오른 게 낡은 주택을 매입해 고치는 것이었어요."

함께 아틀리에를 운영하는 부부 건축가 김병진, 추상화 씨는 2층짜리 다가구주택을 리모델링해
새 보금자리를 꾸렸다. 아무리 허름한 주택이라도 평범한 30대 부부가 건물을 구매하기는
경제적으로 쉽지 않았을 터. 원하는 조건의 주택을 찾아 한참 발품을 팔았고, 빠듯한 예산에
맞추어 규모가 작고 연식이 오래된 집을 선택할 수밖에 없었다. 그렇게 만난 이 집의 가격은 같은
동네 작은 평수의 아파트를 살 수 있는 정도였다. 여기에 리모델링 비용까지 계산하면 결코 적은
금액이 아니었지만, 주택 일부를 임대하면 웬만큼 충당할 수 있을 것 같았다.

한 달 반 남짓 걸린 공사는 크게 욕심내지 않고 건물의 뼈대를 살려 노후화된 부분을 고치는
정도로 진행했다. 답답했던 담장과 대문을 걷어내고 외부 계단과 옥탑의 불법 증축된 부분은
말끔히 정리했다. 지하층 절반은 사무공간으로 꾸미고, 절반은 원룸으로 구성해 임대를 줬다.
1층 역시 세를 주고, 2층과 옥탑에 가족의 공간을 꾸렸다.

내부 구조는 생활의 불편함을 덜어내는 정도로만 변경했다. 11평 남짓한 면적에 복도가 거실을
대신했던 집은 벽을 옮기고 현관을 외부계단으로 내어 거실 공간을 확보했다. 주방은 조금이라도
더 여유 있게 사용하기 위해서 다용도실 출입구를 작은방으로 옮겼다. 좁은 집이 북적이지
않도록 옥탑의 건물을 창고와 세탁실로 활용했다. 오래된 기와를 걷어낸 옥상은 마당을 대신해
가족에게 탁 트인 동네 풍경을 선사한다.

1 – 담장과 대문을 허물고 새하얗게 단장한 주택 외관. 지층 사무실 외벽의 레드
컬러가 돋보인다.

2 – 손님을 위해 간단한 차나 간식을 내어올 수 있도록 구성한 사무실의 간이주방.

3 – 반지층에 위치한 부부의 사무실. 벽을 노출콘크리트로 마감하고 바닥에는
타일을 사용해 빈티지한 카페 분위기로 꾸몄다.

HOUSE PLAN

대지면적 79m²(23.88평) | **건물규모** 지하 1층, 지상 2층 | **건축면적** 38.76m²(11.72평) | **연면적** 114.68m²(34.67평) | **건폐율** 49.06% | **용적률** 96.1% | **최고높이** 7.6m | **구조** 기초 - 철근콘크리트옹벽 기초 / 지상 - 연와조(시멘트벽돌 + 붉은벽돌) | **외부마감재** 벽 - 외부용 수성페인트, 갈바 철판 코팅 / 지붕 - 노출 우레탄 방수 | **단열재** 열반사보온단열재(펙트론) 10T | **창호재** 영림프라임샤시(로이복층유리) | **설계·시공** 아뜰리에 만들다 010-2868-2127 www.mandlda.com | **주택매입비** 3억3,000만원 | **총공사비** 9,030만원(2015년 기준)

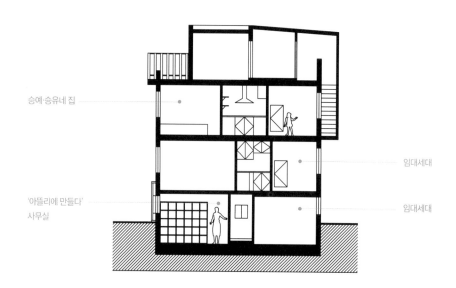

승예·승유네 집

'아뜰리에 만들다' 사무실

임대세대

임대세대

4 - 현관을 들어서면 아담한 거실이 자리한다.

5 - 창밖으로 빼꼼 손님을 맞는 승예와 아빠.

6 - 작은방 문에 기대어 키를 재보는 승예. 이를 바라보는 엄마는 그저 흐뭇하다.

7 - 침대에 누우면 머리맡으로 늘 따스한 햇살이 들어온다.

8 - 주방은 좁은 면적이지만 동선을 최대한 확보했다.

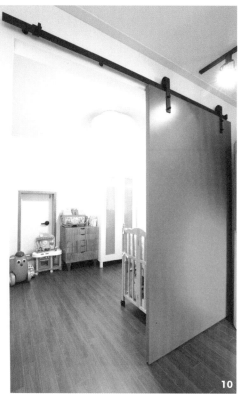

9 - 깔끔하게 정돈한 욕실. 손잡이에 달린 팻말은 일본여행 중 사온 것이다.

10 - 입구를 크게 낸 아이 방은 문을 열어두면 필요에 따라 거실로 넓게 사용할 수 있다.

11 - 동네 풍경이 한눈에 들어오는 옥상. 나른한 오후, 여유를 즐기기 좋은 휴식처다.

PLAN B1F

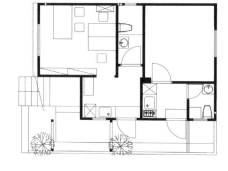

PLAN 2F

내부마감재 벽 – 삼화페인트 친환경 도장, LG하우시스 벽지 / 바닥 – 동화 강마루 | **욕실 및 주방 타일** 국산 타일 | **수전 등 욕실기기** 대림바스, 수입 수전, 이케아 욕실가구 | **주방가구** 한샘 인조대리석 + 지온시스템 | **조명** 대한조명 | **현관문** 강화도어 + 지정 도장 | **방문** 영림도어, 미송 합판 도어 + 친환경 도장 | **붙박이장** 하이그로시(슬라이딩 도어)

11

노후주택
리모델링

초판 6쇄 발행일 2024년 1월 10일

발행인	이 심	발행처	㈜주택문화사
편집인	임병기	출판등록번호	제13-177호
책임편집	조고은	주소	서울시 강서구 강서로 466 우리벤처타운 6층
편집	김연정·신기영·송경석	전화	02-2664-7114
사진	변종석(개별 표기 외)	팩스	02-2662-0847
디자인	최리빈	홈페이지	www.uujj.co.kr
마케팅	서병찬	정가	27,000원
총판	장성진	ISBN	978-89-6603-044-6
관리	이미경		

출력	㈜삼보프로세스
인쇄	북스
용지	영은페이퍼㈜

이 도서의 국립중앙도서관 출판예정도서목록(CIP)은
서지정보유통지원시스템 홈페이지(http://seoji.nl.go.kr)와
국가자료공동목록시스템(http://www.nl.go.kr/kolisnet)에서
이용하실 수 있습니다. (CIP제어번호 : CIP2019001065)

전원속의 내집
Home & Garden Lifestyle Magazine

1999년 2월에 창간하여 마당 있는 집을 꿈꾸는 독자들에게
실질적인 정보와 읽을거리를 제공하는 실용 건축&라이프스타일
매거진이다. 최신 트렌드의 주택 디자인, 설계와 시공에 대한
디테일한 팁, 인테리어와 가드닝 정보까지, 집짓기를 앞둔 예비
건축주들의 안목을 높여줄 아이디어 뱅크 역할을 하고 있다.

홈페이지 | www.uujj.co.kr
네이버포스트 | post.naver.com/greenhouse4u
인스타그램 | @greenhouse4u